U0038470

純手感
印刷·加工
DIY Book

省錢又有趣，讓DM、書冊、卡片&包裝更具吸引力的變身術

前言

在審核預算時，印刷品遭到削減的情況有越來越多的趨勢。因此，無法花太多成本在印刷、加工或紙張的選擇上，結果當然很難作出迷人的印刷品。於是一種惡性循環開始形成，不論宣傳單、冊子、卡片、包裝等大家都是隨便看一眼就丟，想達到吸引他人眼光的使命，難度簡直是越來越高了。

像這時候，就必須在無預算的情況下，設計出能夠引起消費者注意，讓消費者願意伸手取閱並保存的印刷品。

如果沒有多餘的預算進行特殊印刷或加工，自己動手作也是不錯的解決方法。乍聽之下，或許你會覺得這是天方夜譚，根本不可能辦到；不過舉例來說，如果在宣傳單上打個洞就能製作出超棒效果，那麼，你只要買個市售的打孔機，就能獨自完成這項作業。即使是數百張、數千張的宣傳單，也只要利用幾天的工作空檔就能完成了。

現在有越來越多人挑戰印刷加工DIY（Do it yourself＝自己動手作），不論是公司所指派的廣告工作，或是最近在日本相當熱門的ZINE、LITTLEPRESS等專為個人或小單位所提供的服務，印刷加工DIY已成為非常熱門的活動。

本書將介紹經過DIY加工的作品、三位作者的對談內容，以及特殊的印刷或加工DIY方法。

想親手製作充滿熱情的好作品，即使預算越來越少，還是想創造出魅力十足的印刷品。有以上想法的你一定要展閱本書，讓本書成為你的最佳幫手。

CONTENTS

實踐篇　Ⅲ　後續加工

實踐篇　Ⅳ　裝訂・製書

DIY作品介紹

「老虎」的舌頭「捲起來」之故，所以稱為「虎之卷」。

セルディビジョンの宣言
二〇一〇年 寅年の虎の巻

一、今年は、感動させます。
一、今年は、尊敬される人になります。
一、今年は、一歩一歩地道に歩んでいきます。
一、今年は、常にプラスの解釈をします。
一、今年は、お客様の満足を求めていたら十一を目指します。
一、今年は、健康な馬鹿になります。
一、今年は、やりたいことをとやりきる。
一、今年は、口だけでなく行動。
一、今年は、意識を高く持ちます。
一、今年は、最高の自分を想像しつづけます。

レッツとらイ♥

賀正
虎ノ巻
寅年の
株式会社セルディビジョン

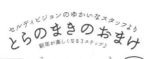

セルディビジョンのゆかいなスタッフより
とらのまきのおまけ
新年が楽しくなる3ステップ♪

1 鏡の前に立ちます
2 おまけを口にあてます
3 舌をだしてはにかみます

→虎
→の巻
→だよ♥

一張紙摺疊而成的DM
設計：服部大吾（cell division）
製作數量：500份
手工作業部分：虎舌部分以手工捲繞，再利用紙膠帶固定。
這是日本cell division股份有限公司的2010年賀年卡，在金箔壓字的信封裡，有問候函與虎口造型卡片，而且仔細一看還有捲繞的長舌頭。這部分無法外包加工，因此由設計公司的同仁手作完成，將長長的紙貼在印刷好的卡紙上，捲繞後以紙膠帶固定。這些用來製作舌頭的紙張，是蛇腹摺法所用剩的純白捲紙。

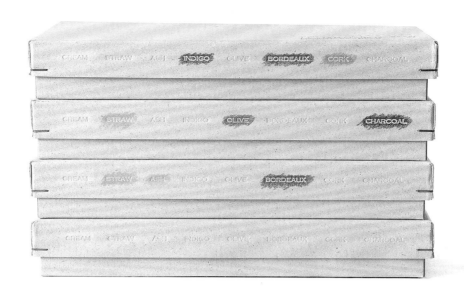

雖然裡面的卡片顏色不同,可是使用彩色鉛筆著色便能一目瞭然,因此可以使用相同的基本包裝盒,達到節省成本的效果。

使用彩色鉛筆上色,內容物一目瞭然

設計:ACHIRABE(あちらべ・赤羽大)
製作數量:150份
手工作業部分:紙盒內裝有商品,並利用彩色鉛筆在紙盒側面塗色。

這是裝滿各色卡片的信箋組,紙盒側面有活版印刷的凹版加工,並使用彩色鉛筆在盒子側面著色。在包裝盒蓋的側面,以凹版加工出所有色系的名稱,然後由設計師赤羽先生親自以彩色鉛筆,在該紙盒所裝的卡片顏色名稱上塗色。「裡面的卡片都以凹版加工印壓出平假名文字,大家可以在文字上著色,塗繪出想傳達的訊息,而包裝外盒也是根據同樣的概念來設計。」(赤羽先生)

螢光粉紅的部分，是擺上模版再噴漆處理

設計：ISUTAEKO（いすたえこ・NNNNY）

製作數量：1000份

手工作業部分：螢光粉紅色噴漆作業。

moOog yamamOTO（Buffalo Daughter）＋KATHY PINK（KATHY）之音樂動作演出團體 PINKoOo 的宣傳單。在10×10cm的小紙張上，黑色的文宣字是委託印刷廠印製的，然後再擺上自己剪好的模版，噴上螢光粉紅色噴漆。雖然是因為預算不夠才自行噴色，不過每張宣傳單的螢光粉紅圖案都不同，倒也蠻有趣的。

每張宣傳單的噴漆效果與圖案皆不同

裁切形狀後，
以蓋章的模式取代印刷

設計：ISUTAEKO（いすたえこ・NNNNY）

製作數量：1000份

手工作業部分：印壓上姓名或地址的部分。
首先製作適合蓋在對話框造型名片上的姓名章與地址章，每次要使用名片時蓋章即可。雖然是對話框造型的紙張，但尺寸是標準的名片大小55×90mm。名片用量大的人可直接印刷並裁切造型，不過用量少或初進公司的新人、名片臨時不夠用時，只要事先準備好對話框造型的紙張，再印壓上姓名章與地址章就是一張完整的名片了。

對話框造型的名片。因為已經裁切好外型而無法印刷，所以自製印章來印出所需的名片。

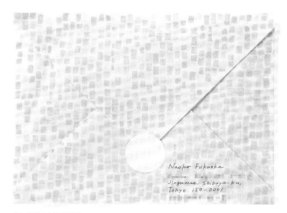

摺成信封的形狀

使用一張紙摺成DM

設計：福岡南央子
製作數量：200份
手工作業部分：摺好後以貼紙固定。

這是福岡小姐成立新公司時所使用的簡介DM。首先於薄薄的漂白牛皮紙上進行雙面印刷，這部分是委託印刷廠負責。印好後再自行摺紙，並貼上市售的白色圓形貼紙，讓DM變身成為信封。因為是單一紙張不需要信封，而且紙張很薄可隱約看到裡面的印刷圖案，收到DM時一定會留下特別的印象。

利用兩種印章自己壓印，
讓同一本刊物出現不同的風格

設計：名久井直子
製作數量：1300本
手工作業部分：於封面壓印兩種印章。

網羅了柴崎友香、長嶋有、名久井直子、福永信、法貴信也等豪華陣容的goningumi，推出了第一本同人誌——Melbourne1。這本書是以騎馬釘作裝訂，而在燙銀的封面上，由goningumi所有成員利用金色與銀色墨水蓋上圖案。雖然是同一本雜誌，但由於蓋印章的位置與留白處都不同，因此完成後每一本都與眾不同。

很可惜的是這本同人誌目前已售罄。據說為了印製這本雜誌，超人氣且極為忙碌的goningumi五位成員，特別聚集在其中一人家裡拼命地蓋呢！

所有的同人成員，
合力將紙片黏在內頁裡

設計：名久井直子
製作數量：1500本
手工作業部分：於內頁貼上小紙片。

本作品為上述同人誌Melbourne1同一個團體goningumi所發行的第二部同人誌Иркутск2。因為第一部佳評如潮，所以這次的製作數量增加為1500本。書背採用古線裝訂，如古書冊般的精緻作品，打開後會發現其中一頁，貼有一張薄薄的黃色印刷漂白牛皮紙。這張紙就是該同人誌的特色，而小紙片則由goningumi的所有成員手工黏貼。

很可惜的是這本同人誌目前已售罄。紙片是由超人氣的同人成員們親手貼上。

「MUCU」的自創原子筆包裝

設計：榎本一浩（K-DESIGN WORKS）
製作數量：500份
手工作業部分：疊紙、裝原子筆、於封面打洞、貼標籤、以橡皮筋固定。

這是文具品牌MUCU的最新商品，由黃銅＋鐵所製成的原子筆。每支原子筆都是工匠親手將金屬棒削製而成，連包裝也不馬虎。「這個包裝材料是MUCU在製作其他商品時產生的廢紙（裁剪後的剩紙），將這些廢紙依刀模裁切後疊在一起，當成包裝盒來使用。」（榎本先生）封面是使用P.074所介紹的打孔機打洞，包含封面總共疊了22張紙，將商品放進去後再以橡皮筋固定左右兩側。「每個包裝都是滿懷誠意的手工作業，希望消費者能明白我們的心意。」（榎本先生）

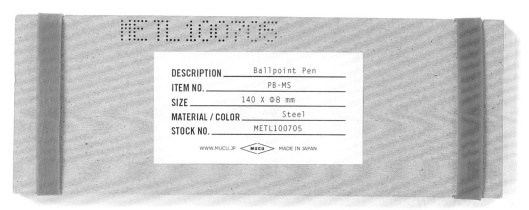

因為是金屬製的原子筆，所以打洞型號是以「METL」（METAL的簡稱）為開頭。

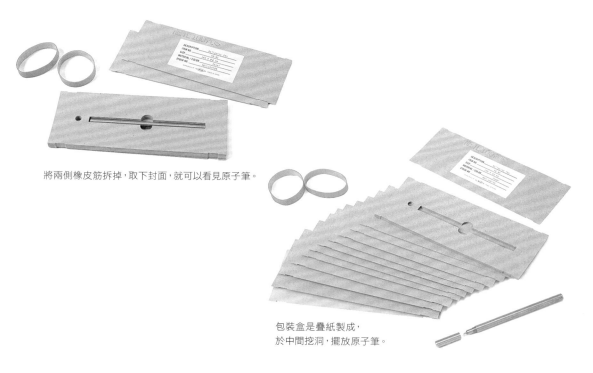

將兩側橡皮筋拆掉，取下封面，就可以看見原子筆。

包裝盒是疊紙製成，
於中間挖洞，擺放原子筆。

使用白色墨水，於筆記本正反面壓印

設計：榎本一浩（K-DESIGN WORKS）
手工作業部分：筆記本正反面壓印。
MUCU是日本K-DESIGN WORKS的榎本先生所推出的文具品牌，所有的MUCU
商品上都有設計師的巧思創意。此筆記本採用金屬線圈裝訂，而正反封面都以印
章壓出白色的筆記本型號和品牌商標。「白色的文字壓印很罕見，與黑色等相較
感覺更漂亮摩登，不僅容易處理而且效果也很棒。」（榎本先生）

MUCU的文具都仿照機械零件等工業
製品，會在上面列出型號或商品編號，
而且全是手工壓印處理。

於筆記本書背貼上蓋印布

設計：榎本一浩（K-DESIGN WORKS）
手工作業部分：書背貼布條，再於布條蓋印。
同為MUCU品牌的筆記本。此筆記本採用漫畫或雜誌常用的漫
畫紙，並以地券紙（灰色的紙板）為封面，這部分是由紙工廠負
責製作。貼於書背的布條，上面印著型號及商品編號，這些全是
工作人員親手製作。「作法看似簡單，但其實是需要技巧的。」
（榎本先生）

整體感極為細緻，
而且非常順手好用的筆記本。
書背材質為棉布。

使用二手曬圖機一張一張印刷

文字：佐伯誠　設計：須山悠里

手工作業部分：使用手邊既有的曬圖機一張一張印出後對摺。

Transforming Matter是編輯、作家佐伯誠與美術設計師須山悠里聯手創作的案子，倆人利用手邊的二手曬圖機製作小報尺寸的印刷品。「我想作出結合信紙與印刷品風格的作品。雖是信紙，卻可以複製；雖是複製品，文字卻呈現出手寫筆尖按壓的感覺。將網版與感光紙重疊通過曬圖機，經過感光及顯色劑的處理後，就會輸出氣味獨特的濕潤感光紙。每次印出來的色澤濃度都有些微差異，而且長時間放在明亮處還會變色，像這種充滿變化的設計元素，真是充滿吸引人的魅力。」（須山）

如果沒有曬圖機，也可以委託專業的製圖公司或影印店代為處理。想利用曬圖機進行創作時，請找相關業者洽談。

曬圖並非墨水印刷，而是如照片般採用感光的技術。感光後所產生的特殊藍色效果，連原稿的紙質都能一起呈現。

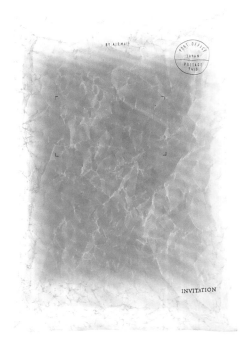

抓縐加工與三層結構的超輕量膨膨信封袋

設計：大原健一郎（NIGN）

製作數量：1600份

手工作業部分：信封袋抓縐加工，將卡片放進三層結構的信封袋。

這是日本服裝品牌The Viridi-anne的2009－2010年秋冬時裝秀邀請函。節目表上有雷射反光加工，而半透明的玻璃紙信封則有上蠟及燙銀處理，這些全部委託印刷廠代為製作。三種不同尺寸的上蠟信封，由工作人員一個個親手捏出縐紋，再放入邀請函。透過這個質感特殊的邀請函，來表現出時裝秀的主題「蛹」。每一個信封袋的感覺都不同，彷彿是由Artpeace所設計的邀請函一般。

於信封邊緣塗抹膠水，
並結合壓撕線加工

設計：大原健一郎（NIGN）

製作數量：1700份

手工作業部分：於信封邊緣塗抹膠水，貼上薄葉紙。

這是服飾公司The Viridi-anne的2011年春夏時裝秀邀請函。將A4信封的周圍撕開，展開後，就能透過鮮藍色薄葉紙看到底下的文字訊息。掀開薄葉紙，會有淡淡的藍光穿透紙張印在字面上，讓人聯想到時裝秀的主題BLUE PERIDO。在極具質感的紙張上做凸版印刷、打凸處理、壓撕線及摺痕加工等，這些作業全由印刷廠負責，而貼薄葉紙與信封塗抹膠水則由工作人員自己負責。為了呈現一張薄紙擺在邀請函上的感覺，塗抹膠水時必須小心不露出痕跡。

**利用點字印刷機與模版，
創造超乎想像的宣傳單！**

設計：ISUTAEKO（いすたえこ・NNNNY）
製作數量：500份
手工作業部分：先以點字印刷機處理紙張，再利用模版噴漆。
這是2008年東京藝術大學的活動宣傳單。由於是邀請視障人
士一起同樂的體育活動，為了讓視障者也能了解宣傳單內容，
才會加上點字的設計。但礙於缺少預算，所以必須自己使用
點字印刷機來製作（凸出加工）。只是使用點字印刷機後就不
能在紙張上作印刷（點字效果會被破壞），因此製作了文宣內
容的模板，置於點字印刷好的紙張上進行噴漆處理。

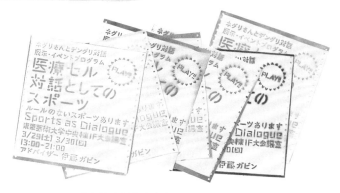

可以任意變換噴漆的顏色

利用描圖紙作少量印刷

設計：野川はるか（UNITED ARROWS）
製作數量：60份
手工作業部分：使用雷射印表機列印。

這是一個名為FLOWERS的活動宣傳單。因為製作
數量並不多，而且希望讓水彩描繪的商標看起來更絢
麗，所以特別使用加入金蔥的描圖紙。另外，最後決定
使用自家公司的雷射印表機來列印。雖然選擇成本較
高的紙張，卻能省下柯式印刷等相關的費用，不僅能
降低成本，而且還可以自己調整列印效果，帶來更多
滿足與成就感。

紙張特別選擇加了金蔥的描圖紙，會因光線變化而不
時閃爍亮光。

在紗典緞材質的貼紙上印刷。以手工蓋印

設計：ISUTAEKO（いすたえこ·NNNNY）
製作數量：2000份
手工作業部分：以蓋章方式印上活動資訊。

這是日本的音樂團體ロロロ（クチロロ）舉辦「演奏攝影會」時所使用的貼紙，這場活動將全部
觀眾當成攝影師，請大家自由拍攝演唱會的現場實況。紗典緞材質的貼紙上有黃色的單色印
刷，這部分由貼紙印刷公司負責。之後每次針對活動的不同內容來製作印章，並出動所有工作
人員以手工方式蓋印。一次大量印製貼紙可降低成本，日後只要依據活動內容來更換印章即
可，既可節省成本，又充滿手作質感，真是一舉兩得。

因為是紗典緞材質的貼紙，所以蓋章的部分有時會糊掉。

善加運用普通文具店都有販售的厚紙板封面。

讓普通的「厚紙板封面」更具個人特色

設計：SURMOMETER（サーモメーター）

製作數量：根據需求來製作。

手工作業部分：把列印出來的紙張手工裝訂。

這是設計公司SURMOMETER的作品集，裡面收錄該公司到目前為止的所有設計作品，集結成冊時，是選擇學校點名簿等經常會用到的厚紙板封面，而內頁則貼上可輕鬆撕下的紙張為裝飾，能根據實際的需求來選擇，或自由增減作品。

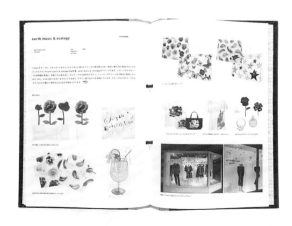

為了加強紙張的印象，
以手工裁角、貼上紙膠帶

設計：SURMOMETER（サーモメーター）
製作數量：500份
手工作業部分：在印好的紙張上貼紙膠帶，
　　　　　　　並利用美工刀切割。

這是日本服飾公司blanc basque的2007
年秋冬時裝秀DM，印刷部分交由印刷廠處
理。為了讓隨意擺在桌上的各種紙張、信封
更具真實感，因此工作人員以美工刀在信
封的角落進行切割，並在紙張上黏貼紙膠
帶以強調立體感。

細看可發現角落被切割，而且紙張上還貼了膠帶。

在DM上打出如郵票般的齒孔

設計：榎本一浩（K-DESIGN WORKS）
製作數量：500份
手工作業部分：將DM裝袋，並作出文字齒孔。

在P.013所介紹的文具品牌MUCU參加2010年國際文具展ISOT時的參展DM，上面有仿照郵票的齒孔設計，排列出英文字母或數字，也正是展示會的舉辦日期。這是利用P.074的打孔機，以手工逐一慢慢打洞而成。委託專業的製紙工廠，應該也無法作到如此繁瑣細膩的程度。

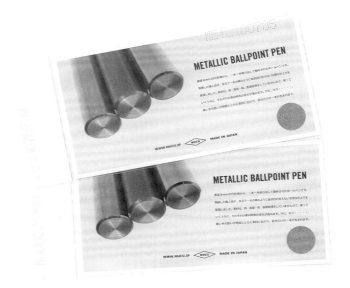

袋子的白色部分有品牌名稱MUCU和ISOT舉辦日期。右上角為商品型號，都是打洞的鏤空處理。

在各種信封上打洞加入文字

設計：榎本一浩（K-DESIGN WORKS）
手工作業部分：打洞作業。

製作方法和上述MUCU的DM及P.013的包裝盒相同，直接把商品編號打在信封上。「雖然只是試作階段，不過日後應該會推出這樣的商品。不論是上蠟加工的信封、或被當成緩衝材料來使用的紙張等，都已成為MUCU的商品材料來源。這次試著在紙上打洞，感覺非常不錯唷。」（榎本先生）

於印刷成品上黏貼寒冷紗及水鑽

設計：SURMOMETER（サーモメーター）
製作數量：500份
手工作業部分：黏貼寒冷紗，然後再貼上水鑽。
這是日本服飾公司blanc basque的2004年秋冬時裝秀邀請函。印刷部
分發包給輸出中心處理，等卡片印刷完成後，再以手工貼上經常用來強
化精裝書書背的寒冷紗，並且在水晶燈的圖案上貼上水鑽。

在印刷好的卡片上貼寒冷紗，產生不可思議的視覺效果。

塗上水性白膠「強化」書背

設計：菊池和廣
手工作業部分：將印好的紙張以手工製作成冊，並以水性白膠固定
書背。
「『あらわ』是每年都會製作的宣傳用ZINE（非商業性出版物）。
這次同時考慮到活動的展示，因此以『內容的充實性與吸睛力』為
設計的主要概念。首先採用和以往ZIEN不同的短冊尺寸作各種印
刷，然後再手工將每張內頁集結成冊，並於上方塗上厚厚的水性白
膠製成書背。裝訂部分全是手工作業，所以每一本的模樣都有些微
差異。」（菊池）在詢問書背的製作方法後，本書編輯也進行了實
際的試作，請參考實踐篇（→P.116）。

在書背「厚厚」隆起的黏膠厚度與冊子本身相同。

如雜貨般的DM包裝

設計：SURMOMETER（サーモメーター）

製作數量：250份

手工作業部分：將卡片與説明書裝進塑膠袋，再以釘書機釘上紙標籤。

這是建築設計公司的遷移通知與業務介紹DM。在通知新地址的同時，順便向客戶介紹營業內容，因此設計了這款組裝式的卡片，並仿照雜貨的包裝附上紙標籤封口。根據業務內容組裝卡片，最後組裝出一個家。印刷與刀模裁切的部分是委託印刷廠、紙廠處理，而完成的卡片則手工裝袋，疊上紙標籤後以釘書機封口。

收到這種如日式雜貨般的DM，讓人開心無比。

利用噴膠黏貼描圖紙，營造出深淺的暈染感

設計：SURMOMETER（サーモメーター）

製作數量：500份

手工作業部分：在卡片上貼描圖紙，然後剪裁。

這是日本服飾公司blanc basque的2004年春夏時裝秀邀請函。卡片的印刷是委託輸出中心，完成後在卡片上噴膠並貼上描圖紙，剪掉多餘的部分即完成。描圖紙特有的透視質感，加上噴膠可營造奇妙的暈染效果。因為製作數量少可以採用手工作業，不僅成品極佳，又非常省成本。

blanc basque
2004 spring & summer exhibition

機器所印不出來的噴膠暈染效果，展現別有風趣的質感。

以橡皮筋固定月曆，
餐巾紙包住湯匙！

設計：SURMOMETER（サーモメーター）
製作數量：500份
手工作業部分：以餐巾紙包住刀模裁切的湯匙。
使用橡皮筋將印刷・裁切完成的月曆和封面固定
在一起。裝袋後配送。

公司每隔三個月就會贈送月曆給客戶作為問候
致意之用。為了讓客戶每次收到月曆時都有驚
喜，在設計上費了許多心思。只是為了達到此一
目的，手工作業也占了絕大部分。「這次的印刷
與刀模裁切都是委託印刷廠處理，原本餐巾紙也
想請印刷廠一併印刷，但最低印量至少要一萬張
對方才肯受理，讓人覺得有點傷腦筋。不過想到
剩下的餐巾紙可以留著日後使用，所以最後還是
下了訂單。餐巾紙是用來包住裁切外型的湯匙。」
（SURMOMETER）將月曆當桌曆使用時，裁切
的湯匙可以當卡榫使用，讓月曆平穩站立。

將封面的湯匙插進封底，就成為立體的桌曆。

店裡的工作人員利用彩色鉛筆親手塗繪

設計：ACHIRABE（あちらべ・赤羽大）

製作數量：500份

手工作業部分：使用彩色鉛筆在凸版印刷的打凸加工文字上塗色。

這是美容院的問候函。利用不加油墨的凸版作文字的打凸加工。製作時要求印刷廠的機器力道大一些，好讓文字深深陷入紙張。完成後只在店名「コーヤ」及「全體同仁」的部分使用彩色鉛筆上色，讓這些文字更明顯。每一張問候函都是該店同仁秉著誠心塗繪上色的。

上色前問候函彷彿一張白紙，文字採用凸版印刷的打凸加工。

以縫紉機裝訂而成的月曆

設計：SURMOMETER（サーモメーター）

製作數量：500份

手工設計部分：以縫紉機裝訂成冊，個別包裝後配送。

和P.024所介紹的作品相同，都是SURMOMETER每三個月一次、一年四次送給客戶的月曆。2009年的主題是「咖哩」，因此一至三月的月曆封面就是咖哩塊的包裝圖案，而P.024的月曆則是湯匙。印刷與裁切都是委託印刷廠處理，然後再自行使用縫紉機車縫、裝訂成冊。

翻開月曆，裡面的印刷內容相當有趣。

加入不同尺寸的內頁裝訂而成的ZINE

設計：木村稔將／WHATEVER PRESS
製作數量：100份
手工作業部分：裝訂製書。
在「THE TOKYO ART BOOK FAIR 2010」中展店的WHATEVER PRESS公司所製作的ZINE，Vormgeving-When a concept became forms。將會場中展示，被訂購及販賣的書籍封面影印下來，再裝訂成冊。另外，每一頁之間還插入利用RISOGRAPH簡易印刷機所列印的目錄，由於紙張大小不同，所以必須手工插入並裝訂。作法雖然簡單，但效果很棒又能充分展現公司的理念。

於封面手工貼上砂紙

客戶／發行商：MEM
設計：原田祐馬（UMA／design farm）
製作數量：500份
手工作業部分：裁剪砂紙，貼於封面。
這是2009年於大阪某畫廊所舉辦的「OBSESSIONS」展覽會型錄。為了配合前衛現代音樂家約翰·佐恩（John Zorn）的風格與展示內容，特別採用砂紙當封面以強調觸感，並在封面的砂紙燙上黑亮的文字。從內文裝訂到最後的封面加工全是手工製作，封面的砂紙尺寸比內頁小，藉此凸顯出手工作業的效果。

設計師親手撕破封面以完成設計

設計：原田祐馬（UMA／design farm）

製作數量：300份

手工作業部分：裝訂、撕封面。

由設計師與編輯工作者聯合推出的實驗性
出版品「prototypebook」其中之一。配合
藝術家椿昇的大規模個展，發行了素描集
—— GOLD／WHITE／BLACK。內頁利用
RISOGRAPH簡易印刷機列印，而封面則配
合主題選擇了不同質感的金色、白色、黑色
紙張及厚紙板以手工裝訂，最後再送到印刷
廠製書裁切。關於封面的紙張，在配色平衡
與整體結構的考量下，由設計師親手撕裂完
成。因此，這300份作品的封面都不相同。

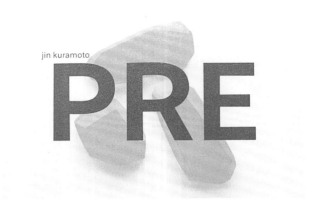

jin kuramoto
PRE

**堅持品質的設計創作，
印刷後親手裝訂製成素描集**

設計：原田祐馬（UMA／design farm）
製作數量：300份
手工作業部分：封面印刷、裝訂、製書。
書籍說明：由設計師與編輯工作者聯合推出
的實驗性出版品「prototypebook」其中之
一。此為商品設計師倉本的素描集PRE，內
容以設計師所提出的商品企畫及製作為基
礎，利用作品照片和手繪素描來構成。為了
配合意為「事前」的主題「PRE」，此書以手
繪素描為主要內容。前半部的照片格線數較
少，並採用CMY印刷，藉以取得整體的閱讀
平衡感。素描的部分，是利用RISOGRAPH
簡易印刷機來列印。封面以雷射印表機列印，
加上厚紙板之後，連同內頁一起利用大型釘
書機裝訂成冊。

收藏在桐木盒裡的藝術書

設計：原田祐馬（UMA╱design farm）

製作數量：300份

手工作業部分：黏貼內文、蛇腹摺、於桐木盒貼貼紙。

書籍說明：由設計師與編輯工作者聯合推出的實驗性出版品「prototypebook」其中之一。此為藝術家佐佐木愛的作品VOYAGE。設計概念是「如繪本般，由一道柔和線條連接而成的書」。由於作者希望製作一本「具裝飾性的書」，因此嘗試了各種不同的裝訂方式。最後，終於完成這個可以打開作立體展示，而摺疊後則能收進桐木盒的款式。桐木盒內的繪本部分，採用特色的單色印刷。基於紙張的尺寸限制無法單張印刷，因此將印好的紙張以雙面膠黏貼，再進行蛇腹摺加工。特別訂作的桐木盒，盒蓋及背面都以手工貼上貼紙。盒子內側有厚紙板以增加底部的高度，而繪本就貼在厚紙板上。

內頁彷彿是真空包裝袋的ZINE

設計：FUJII YUUNA（ふじいゆうな）

製作數量：10份

手工作業部分：影印、裁切、塗抹膠水、裝訂製書。

這是名為Package的ZINE。作者想讓讀者撕開袋子取出照片，並且希望鑑賞者不只是「拿起來觀看」而已，因此認為這種撕裂的方式最能傳達其設計概念。首先裁剪印好的照片及描圖紙，接著把照片夾在兩張描圖紙之間，塗抹膠水固定後以釘書機裝訂。為了呈現真空包裝的感覺，每一張照片都放入描圖紙所製成的袋子當中。紙袋的四周以立可膠固定，而右上角則加上方便讀者撕開的小缺口。

利用砂磨機將邊緣磨焦的海報

設計：原田祐馬（UMA／design farm）

客戶：京都造形藝術大學

製作數量：1500份

手工作業部分：使用砂磨機將紙張邊緣磨焦。

這是日本京都藝術大學2009年度的校園參觀宣傳
海報。海報主角為2008年新創設的學科共通工房，
為了完整傳達該工房的「ULTRA FACTORY」活動
與真實臨場感，特別利用砂磨機將紙張的邊緣磨
焦。此外，為了強調金屬加工所產生的金屬碎屑，因
此特別在「URTRAL UNIVERSITY」等文字上作了
混合銅粉的UV加工。紙張邊緣的磨焦作業，由設計
師戴上工業用面罩親自以砂磨機加工。

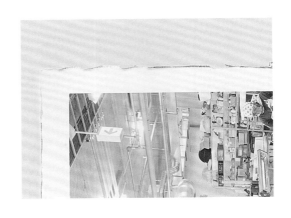

沒有內側‧外側概念的星形ZINE

設計：qujila／田村かのこ
製作數量：15份
手工作業部分：影印、裝訂製書。
這是名為qujila on paper "under cover" 的ZINE。因為想製作一本沒有封面、沒有開始與結束的書，所以在這種概念下寫了兩篇循環式小説，並且以環狀連接的方式呈現。文章印好後，保留要塗抹膠水之處，把紙張裁剪成文庫本的大小。摺疊後將紙張頭尾以膠水黏貼固定，於是摺成五頁的紙便成為一個相連的星星圖案。其中一頁向外摺的部分具有撕裂虛線加工，從這裡撕開，環狀小説就恢復成長條的帶狀，同時也失去「內側」、「外側」之分，於是小説的正面與背面連接在一起。就像米歇爾‧恩德（Michael Ende）所寫《沒有結局的故事》一樣，以自問式書籍的概念來製作。

以木質與仿木質裝訂而成的書

設計：qujila／三嶋一路
製作數量：15份
手工作業部分：裁剪照片、黏貼照片、裝訂製書。

這是名為qujila on paper "a book in a space" 的
ZINE。有鑒於數位化處理的書籍已失去質量覺，
因此特別以「存在於空間中的書」為製作主題。將
每一種材質剪成和印好的照片大小一樣，並貼在相
對應的照片上。封面是在薄合成板上貼木紋貼紙，
然後再貼上附繩子的固定圓片。在空間中一個一
個地擺上木頭製成的素材、或是仿木頭的材質，拍
照後列印出來，並在每張照片貼上相對應的素材。
利用真實素材所製成的「內頁」沒有裝訂處理，而
是以封面來收納整理，因此可以隨時更換每一頁
的順序或正反面，在空間中變化配置位置。

設計師暢談
「DIY印刷‧加工」的
魅力與祕訣

設計師暢談
「DIY印刷・加工」的
魅力與祕訣

不管是活動文宣、賀卡,甚至從迷你書、雜誌、書籍等,

在設計製作的現場,每天都不斷進行著各式各樣的挑戰。

即使預算有限,也希望能憑著自己的巧思設計出效果佳且完美的作品。

無論是同儕好友間的手工創作,還是公司的正式工作場合都會面臨這樣的困擾。

因此,本單元將邀請活躍在第一線上的三位美術設計師、藝術總監,

聊聊他們的「DIY印刷・加工」實踐技巧,

以及靈感來源的「DIY思考法」。

大原健一郎

1973年出生。藝術總監／美術設計師。曾任職於CI、BRANDING,Inc.,不論是圖書、時尚、商品包裝或空間設計等領域皆有涉獵。2006年創立自己的設計公司,開始營運NIGN co.ltd。東京TDC、JAGDA會員。
http://www.nign.co.jp/

野口尚子

1984年出生。為「印刷の余白Lab.」總統籌,主要負責特殊印刷等各種印刷品的監製與設計工作。並經營和紙張、印刷相關的工作室「紙ラボ!」,以檢驗印刷技術與素材為目的,舉辦名為印刷實驗的個人製作活動。
http://yohaku.biz/

橋詰宗

1978年出生。美術設計師。擔任藝術、建築、時尚等相關領域的藝術總監、圖書設計及網頁設計等工作。所成立之工作室,提供參與者一同DIY印刷品的製作。
http://www.sosososo.com/

這種時候就是要DIY！

—— 首先請NIGN的大原健一郎先生，談談到目前為止的工作內容。在設計工作中有許多涉及DIY作業的部分，所以想請教大原先生關於靈感的來源與創意形成的過程。

大原　這是為了日本服飾公司DEVOA新品展示會所設計的邀請函，我使用真空袋當包裝。將印刷好的邀請函紙張揉捏成圓球狀，再封裝進透明塑膠袋裡（圖1-1）。

—— 彷彿糖果或標本一般，讓人忍不住想打開看一看。而且每個作品的形態都不太一樣，完全呈現DIY的精神！

大原　事實上這項作品除了印刷之外，全部都是手工作業。我並不是單純只想設計出造型奇特的作品，而是希望配合服飾公司的設計概念，因此有了這樣的靈感。該品牌的服裝都是依照人體工學的活動曲線而設計，造型相當立體，而且螺旋狀的縫線也非常特別。這種獨特的立體感與肢體性正是最大的特色。

為此，我不斷思索是否能將這樣的概念反映在邀請函上？於是就出現了如此的處理與加工。邀請函採用尼泊爾的手抄紙，為了展現毛邊紙的自然風味，特別使用棉紙撕畫＊般的手法來裁切。（＊毛筆沾水後將紙張刷濕，再以手撕開的裁切法。）

另一個作品是日本服飾公司wjk的展示會邀請函（圖1-2），使用我自稱為「毀損加工」的方法製作而成。此品牌以「男子氣慨」、「頹廢」為主要設計概念，因此要求邀請函必須自然不造作。於是我使用厚達4mm、感覺很堅固的厚紙板，在上面燙壓地圖製成卡片，最後再把卡片的四個邊刻意作出破破爛爛的效果，而且沒有裝入信封，直接以明信片的方式寄至客戶手中。

—— 感覺好像是祕密基地的地圖，收到邀請函的人一定也會感受到神祕的氣氛吧（笑）！

大原　為了完美呈現「毀損加工」的韻味，過程中不斷嘗試各種方法。最後將厚紙板的邊緣泡水，再以金屬刷刷磨，終於找到我想要的感覺（笑）。關於地圖的部分，是以黑色燙壓印製，最後再以手製橡皮章蓋上紅色的路線，清楚標示抵達會場的路徑。

1-1

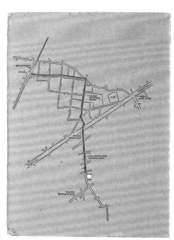

1-2

設計師選擇
DIY創作的理由

——總覺得，DIY是一種「Hard」（辛苦的）工作。

大原 事實上，DIY作業所生產的數量很有限，不過最後的修飾作業，倒是充滿專業工匠的感覺。如果有這種專門的業者，而且願意在預算內幫我們處理，或許也會想要委託業者來幫忙……不過自己動手作可以依照自己的想法進行，所以還是會希望自己來挑戰看看。之前提到的真空袋邀請函，也是基於這個理由而製作。手抄紙上有燙金印刷，揉成圓球放進袋子時，希望可以從外面隱約看到金色的印刷部分，所以最後的裝袋步驟必須很仔細地掌控。

——也就是說，雖然預算、工作時日、數量等條件都必須同時兼顧，但為了達到「我想這麼作！」的目的，還是自己來DIY最合適嗎？

大原 沒錯。我認為在有限的預算中，若想創造出完美的作品，最好的解決方法還是選擇DIY。當然DIY並非創作的唯一方法，但我總覺得自己已經開始在不知不覺中傾向DIY製作。

——橋詰先生與野口小姐，可否請兩位以設計師的身分，來聊聊對於DIY的看法。

野口 對我而言，總覺得DIY是「為了不想放棄的人所提供的最後一招」。很想呈現某種風格不想妥協時，就會選擇DIY的方法。

橋詰 為何會選擇DIY呢？其實每件作品的理由與過程都不同，但是一定有特別想呈現的內容，所以才會這麼作。不僅是設計，在製作物品時，依照自己的想法來作是非常重要的。我的工作內容多與藝術、服裝流行、建築相關，很幸運地這些東西彼此都有所關聯，所以可以讓我更隨心所欲地發揮創意。

檢視先進專業工作
的DIY製作方法

大原 若從這個角度來看，不論是雜誌或書籍都可以加入DIY的元素。例如藝術家·美術設計師立花文穗小姐所編輯的雜誌——球體，就是以「製作」為主題，在每一期介紹各種不同的創意表現。這本雜誌總是使用不同種類或尺寸的紙張來裝訂，是一本極具實驗性的刊物。此外，在新加坡發行的美工設計雜誌——WERK magazine也非常棒，有時內頁

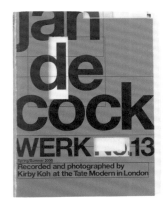

1-3

1-4

1-5

採階梯狀裁切，或是在某部位挖空等（圖1-3）。這一期的封面（圖1-4）為拼布般的設計，而且以手工拼貼的方式排列製成。製作過程想必非常費工，卻還能夠量產，真的很厲害！

美術設計師中島英樹先生的作品集CLEAR in the FOG，也是風格獨具的創作（圖1-5）。封面上有一個小小的四方形凹洞，而鑲在凹洞裡的小冊子，是雜誌Idea（アイデア）中刊登過的中島先生特製迷你書，由讀者親手裝訂製成。這就是所謂的書中書結構，將兩本分別發表的刊物組合在一起。

橋詰 不論是設計創意或完成品，都是以「拿到的人會怎麼看待或處理？」為思考的出發點。不受既定規則束縛，就是DIY的特徵之一。刻意選擇「這種時候不該使用」的紙質或排版方法，有時逆向操作反而能得到獨特的效果。

DIY發想的根源與本質

—— 為了讓DIY的成效更好，而且還能樂在其中，希望能多了解DIY的基本設計精神或DIY的「想法」。是否能麻煩在這方面非常熟悉的橋詰宗先生與我們聊聊。

橋詰 我在某個機緣下製作了書籍，因而意識到DIY的想法，並開始從事相關的設計活動。至於我的基本設計精神，最大的影響是來自於英國皇家藝術學院（RCA）的學習過程。大家總認為所謂的美術設計師，就是負責製作書籍或海報等，經常和設計相關的產業連結在一起。但我在英國所感受到的卻是完全不同的想法，是一種強調「自己想要設計出某種創意」的精神。

或許是因為歐洲平面媒體影響力很大的緣故。舉例來說，目前歐洲看報紙的人還是很多，而且去書店或美術館時，都會看到許多設計師或藝術家的手作書籍作品。也就是說，創作並不是被動，而是一種自發性的行為。

—— 今天，您帶了幾本符合上述DIY精神的書籍是嗎？

橋詰 首先是這本美術展的圖鑑，封面由許多色彩條紋所組成（圖2-1）。事實上這本書的內頁並沒有裝訂，而是將每張內頁以明信片的方式夾在裡面。至於這本書要如何固定，則是利用與封面同樣顏色的四條橡皮筋捆住。乍看之下會以為橡皮筋是封面圖案的一部分，非常自然完全不突兀。設計者是以英國倫敦為活動據點的設計師Daniel Eatock。

2-1

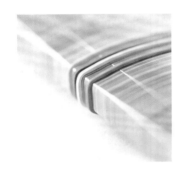

——只用橡皮筋捆住明信片就當成一本圖鑑，然後再加上一些文字敘述，似乎給人馬虎隨便的印象（笑），但其實是非常時尚又精緻的作品。

接著是荷蘭一本名為Casco Issues的藝術性刊物（圖2-2）。每期都會刊登各種具爭議性的評論文章，其設計風格完全展現出刊物本身的自我主張。例如每一台（印刷的頁數單位）都使用不同的紙張，或是把書的內頁設計成直接重疊，甚至採用就設計觀點來看，根本不適合用來印刷照片的紙張等。這是設計師Julia Born與Laurenz Brunner所經手的刊物，是一本充滿冒險精神的作品，曾榮獲「瑞士最美書籍獎」。

不被「應該這麼作」的既定觀念束縛，才是真正的創意精神

——看過這麼棒的作品之後，不知橋詰先生對於DIY的看法是否有所改變呢？

橋詰　雖然每一種創作手法都會為我帶來影響，不過源於他們DIY精神的思考模式更讓我印象深刻。包含日本在內的亞洲國家，製作書籍時都有極度重視內容排版的傾向，但歐洲卻不會受限於這種規則，他們更在意所要傳達的意境，所以書籍本身就是一種刺激。這種書的共同特徵，當然是必須具備製作書籍的基本常識與技術，同時還要有打破既定規則追求創新的勇氣。若要具體來說其中到底有什麼不同的形式，其實每一個作品都大不相同。

雖然提到DIY總會讓人聯想到假日的手工休閒活動，不過只要具備材料或技術，就能利用手邊的物品創造出全新的風貌。透過不同的搭配組合來展現出獨特有趣的一面，這就是DIY的精髓所在。不論是製作書籍或美工設計，都必須針對內頁的組合模式、紙質、印刷或加工技術等來作思考，有時甚至連讀者閱讀時的情景、書籍會被擺在購買者房間的時間等都要加以想像，可以考慮的層面實在是太多了。組合的可能性可說是無限大，而要如何從中作選擇，光想像就充滿了樂趣。

——是否也能這麼說，DIY＝改變著眼點？

橋詰　例如成立於20世紀初的德國包浩斯學校（Staatliches Bauhaus），是結合了美術與建築的綜合教育機構。在那個色彩、形態、結構等設計基準都尚未確立的年代裡，歷經不

斷的錯誤嘗試後，終於製訂出所謂「應該要遵循」的規則。然而在這些實驗中所進行的各項思考與方法，不正是一種DIY的過程嗎？

製作書籍時，其實也有所謂「應該遵循」的制約。例如規格高達數公尺的書，通常是無法製作的。不過我們也不能因此就被限制，而是讓思考模式再柔軟一些，重新思考所謂「書」的結構。我的藝術家友人鈴木ヒラク（Hiraku Suzuki），就曾製作一本多達1008頁的文庫本，在每一頁都印上一個素描。此外，還有一本讓我深受影響的書，就是Jan V. White所寫的編輯設計的發想方法——動態排版訣竅與重點570。很奇妙的是這本書的日文翻譯版，竟然也找了同一家美術設計公司來負責（笑）。書中提到「讀者是把書頁翻來翻去的人」、「到底要作成什麼樣的外型，人們才會直覺認定這是一本『書』呢？」對於人們把書擺在眼前會有什麼樣的感覺？會如何閱讀？書中都有非常豐富的討論與描述，是一本值得參考學習的書。

An
Ambiguous
Case
Casco
Issues XI

2-2

加強設計的「意含」，「跳脫常理」才能帶來魅力

——即使是業餘人士，也可以結合上述想法及DIY的創意，只要單純「改變」設計，就能享受到更多的樂趣。

橋詰　的確如此。「意含」可以讓設計變得更有趣，而且影響極為巨大。若從這一點來看，也可以說DIY＝編輯。這個意思是當自己想試著製作某種物品時，雖然懂DIY的技巧很重要，但不受既有規則束縛，以更自由的方式來思考「這麼作會不會更好？」我認為這才是最大的關鍵所在。

舉一個我自己的工作實例，這個作品是文化機構YCAM（山口情報藝術中心）內的工作室檔案（圖2-3）。在這個案子當中，當初的構想是把各工作室在中心進行的特殊活動集結起來，製成一本記錄檔案，因此以工作室的發展脈絡為基礎，思考如何透過書冊本身更有效地呈現內容。整本書可依不同工作室來分成獨立的小冊子使用，也可自由陳列在桌面上，甚至還能直接拿去發送。

2-3

要把所有獨立的小冊子整理成一本書時，只需利用封面紙板前後夾住，然後以附在上面的粗橡皮筋固定即可。事實上這也是我給自己的一個課題，就是如何在有限的預算下堅持朝目標前進，而這個作品就是我最後的答案。從另一個角度來看，就是靈活使用DIY創意，反過來運用所有不利的條件。

大原　現在看到實際的作品，由於製作的非常完美，所以很難讓人因為「預算少」而產生同情的想法。真的是太厲害了！

橋詰　不論在哪一個時代，對一般常識或固有觀念而言，DIY式的思考就像是一種反擊。例如以電腦設計為主流的現代，採用手寫文字或傳統的活字版印刷（以活字排列製版後印刷）等，就是其中的一個例子。在經歷一般的技術革新後，這種手法反而會帶來強烈的個人風格，留下獨特的印象。

大原　在日本的相聲中有「裝傻」與「吐槽」兩種角色。目前有許多人對於犯罪或社會問題都抱持著「吐槽」的態度，而在設計上也有很多堅持「裝傻」的人，我認為這是一件非常嚴重的事。

野口　「如果凸顯這個地方，肯定有某個別的地方會變得較不明顯。」像這種平衡感，更是DIY手法的一大重點。

——「這種作法有可能實現嗎？」各式各樣的設計，是否都是起源於一開始的好奇心呢？

橋詰　有時負面條件也有可能變成正面元素呢！就像鬥牛士突然扭身轉個彎……（笑），如果能漂亮完成真的很棒。藝術家的作品集或展覽會圖鑑等，往往製作數量都很少，頂多只有500至1000份。即使是正式的專案工作，通常也會選擇DIY的方式來製作。像這種時候所產生的好點子，大部分都是「跳脫常理」的想法，經常讓人有「原來也可以這樣作啊！」的驚喜，而這些都是接近DIY本質的作法。

專業現場、業餘現場、各種現場的DIY

——最後，想請教各位平時的工作情況，也就是實際進行專案的現場，以及包含業餘休閒在內的一般日常設計等，希望幾位能和我們聊聊各種場合的DIY。野口尚子小姐在經營「印刷の余白Lab.」的過程中，常遇到各種不同的客人，並進行工作上的商談與協調。關於這一點您認為如何呢？

野口 有時我也會企劃印刷相關的工作室，製作200份左右的宣傳單，並試著加入DIY的元素（圖3-1）。這個製作契機是為了宣傳名為「紙Lab！」的紙與印刷學習講座，希望讓平時對紙張有所研究的人也能發出「哇！」的讚嘆聲。紙張採用B4尺寸，四個角落以手動圓角機裁圓，最後再進行上蠟加工。蠟滲入紙張纖維後會產生一種獨特的觸感及透明感，具有另一番風味。由於印刷是使用自己的雷射印表機，所以嘗試了各種合用的B4紙張來試作。

針對企業等大型公司的工作，我很少提出內容完全DIY的企劃案。一來是因為數量多，而且成品送到使用者手中時不能有破損。此外，預算、流通方面等都有各種不同的考慮與限制。只有在試作階段，為了驗證「這種印刷方法，機器到底能印到什麼樣的程度？」所以會在一開始先自己動手試看看。

「我想這麼作！」
直接向客戶傳達的方法

野口 無論如何，若想了解自己「到底可以作到什麼樣的程度？」沒有實際試看看，根本無法知道作品的強度與品質。因此反過來說，動手試作才是最重要的。而且實踐DIY的方法，還能找出更多變化的可能性。換言之，為了找出適合的製作方法，首先就必須DIY。雖說是試作品，但有時不經過這個階段，某些作品反而無法繼續進行下去。如果以設計為本業，向客戶說明「我想這麼作」時，直接秀出實際試作品也是非常重要的。

橋詰 尤其在沒有前例可循時，客戶可能會質疑：「為什麼要刻意這麼作呢？」因此有時也會有下賭注的心情。

大原 只是一旦賭失敗，客戶就會覺得「你這傢伙真麻煩！」（笑）。不過實際作過之後，也有可能得到客戶的贊同，甚至最後連對方都覺得還是手作DIY的效果比較好。在我的經驗當中，雖然每次的情況都不一樣，若以DM來說，DIY的最大手製極限是2000張左右（笑）。

最近在設計相關的競賽中得獎的作品，以DIY來呈現的似乎有越來越多的趨勢。參賽者可以自由提案，因此並非只是單純不想受限於既有規則，而是DIY製成的作品更具魅力吧！「我想這麼作」，並且將這種想法直接表現在作品上。這是中規中矩製成的週刊雜誌所缺乏的獨特「動機」，而我認為這正是魅力所在。

3-1

—— 這是否就是所謂的身體性，或是如物品般存在的感覺呢？

大原 是的。在這種充滿DIY風格的作品當中，可以感覺到其構成元素，能誘發人們「想要擁有！」的心情。

超越「創作者↔使用者」的關聯性

野口 除了職業級的專家之外，感覺有越來越多的一般人想開始嘗試DIY。如同本書所介紹，坊間的DIY物品或工具等也日漸豐富。或許是受環境轉變所影響吧！「想製作多一道工續的物品」時，當然可以委託相關的加工業者，只是要找到願意承接的廠商似乎不太容易。尚且不論製作數量少，如果有自己動手就能製作的方法，相信大家都會想要學習並多加了解吧！

橋詰 同儕好友間所製作的小冊子或寫真集，還有以個人主題為創作的同人誌「ZINE」（圖3-2）等，其受歡迎程度都代表著DIY的盛行。而在這個發展的背後，主要都是受惠於印表機、相機、電腦等製作環境的進步與普及吧！

大原 在當今的網路世界中似乎也充滿了DIY，例如提供簡單電子書製作服務的「BCCKS」（http://bccks.jp/）（圖3-3）。若要說到更夯的例子，還有動畫投稿‧瀏覽的網站YouTube（http://www.youtube.com）等，單從投稿者的角度來看，或許這些網站都能列入DIY的範圍。

橋詰 以上兩個例子的最大特徵，就是主辦者只提供一個機制，為使用者創造一個可使用的空間。像這樣的案例中，設計師必須加強作品本身的組織與架構，因此，也可以說「創作者和使用者」之間的關係，已不再只是單純的主動與被動而已。在手作方面，21世紀的選擇範圍遠遠超越過去，目前正是把握手作DIY的大好時機，而此次所企劃製作的這本書，就是其中的代表之一。

野口 或許是受到影響吧！最近提出各種企劃時，我也會針對不同的配套方案來積極說服客戶採用DIY的製作方法。

—— 也就是說，如果採用跳脫常理的方法，雖然剛開始客戶會面有難色，只要稍加解釋就能得到認同嗎？

Vormgeving

3-2

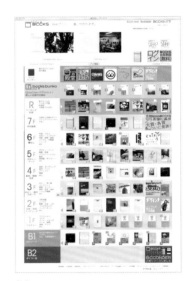

3-3

野口　是的。尤其是少人數的企劃案，通常能得到更大的自由空間。而且在這種情況下，或許DIY才是最好的解決辦法。

—— 綜觀今日的對談而論，感覺與其大加讚賞DIY最好，不如說「DIY也是一種選擇」，並且讓自己積極地靈活運用，就能得到更多的樂趣與刺激。雖然數量少還是有加工業者願意承接，但相反的可以自己動手作的途徑也越來越豐富。從本書開始，日後也將為大家介紹更多的DIY方法與祕訣。非常感謝幾位大師與我們分享寶貴的經驗。

實踐篇

I

印刷

01

挑戰個人印刷機的凸版印刷

所謂的凸版印刷，魅力在於所呈現的質感與柯式印刷截然不同。雖然委託印刷公司幫忙也可以，不過利用這台個人印刷機就能簡單地自己製作。

工具與材料

LETTERPRESS COMBO KIT（→P.122）、樹脂版（→P.125）、凸版‧柯式印刷或銅版畫專用之油墨、刮板（沒有亦可）、紙

1　以上即為LETTERPRESS COMBO KIT，可從美國網購。除了凸版印刷外，還附有裁切外型或壓紋加工的板子。這次用來製作凸版印刷。

2　以Illustrator繪製的雙色圖案，並印在樹脂版上。這次是委託真映社（→P.125）製作色版（照片左）與黑版兩種，周圍用不到的部分直接剪掉。

3　由於LETTERPRESS COMBO KIT只附黑色油墨，所以這次另外購買銅版畫專用的油墨。因為用量極少，這個尺寸的油墨剛好。

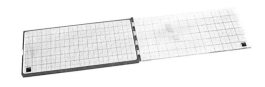

4　使用附贈的調色板將白色、紅色混合，調成喜歡的顏色。此時若使用刮板會非常方便，一般的畫具用品店或大賣場都有販售。

5　將凸版用的板子貼在樹脂版上，上面附有雙面膠，所以直接以雙面膠黏貼。

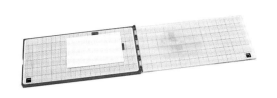

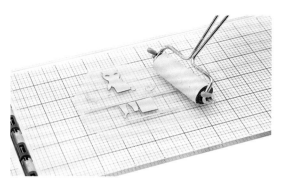

6　接著配合版面來決定紙張的位置。以附贈的黑色小海綿在想要擺放紙張的兩邊作記號，再配合記號擺紙張，重疊印刷時就能方便對準位置。

7　以附屬的滾筒沾上油墨，塗在樹脂版上。塗抹太多會讓圖案糊掉，使用訣竅是油墨的量要稍微少一些。

8　在版面均勻塗上油墨，蓋上凸版的蓋子，馬上就要進印刷機了。

9　轉動右側把手，讓凸版通過印刷機。

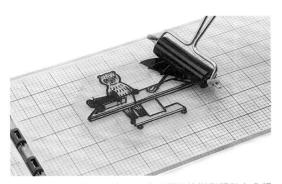

10　通過印刷機後的紙張狀態，順利印出第一個顏色。

11　依照前面的相同步驟，將黑版用的樹脂版貼在凸版上。此時要特別注意對準位置，絕對不能偏移。接著以滾筒在圖案上塗抹黑色油墨。

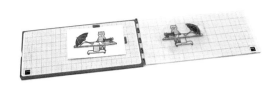

12　凸版通過印刷機後，打開已完成雙色的凸版印刷。

13　完成品。

02

利用影印機製作疊印

不論是辦公室、便利商店或超市角落都能看到的影印機，現在連家用的小型機種都買得到。本單元將介紹利用身邊的影印工具，以疊印手法來呈現的ZINE製作過程。

工具與材料

影印機（具手動送紙功能更方便）、描圖紙、紙

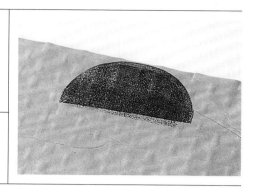

1　首先以噴墨印表機印出黑色圓形圖案，然後複印在描圖紙上，剪成一半製作基本的原稿。以這兩張半圓為主要圖案，利用影印機不斷複印設計出各種圖案變化。

2　讓同一張紙不斷通過影印機，就能利用黑色的圓形圖案作出疊印（重複印刷）效果。由於原稿是採用描圖紙，所以圖案重疊的部分可淺可深，能自由運用這種特性來試作出各種不同的樣式。

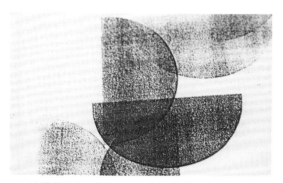

3　這是疊印的局部放大圖，疊印的效果非常好。只要把影印機的顏色調淡，就能輕鬆表現出疊印的深淺效果。

4　從各種試作成品中選出喜歡的樣式，當成原稿直接複印製作成冊，封面採取包裝用的PE牛皮紙來印上圖案。
設計：野見山櫻　http://www.atleast.org/

03

以裝飾用塑膠貼紙複印

前面所介紹的疊印，只要在選擇素材時多花點心思，就能讓
影印機的用途更寬廣。這次選擇貼在玻璃上的裝飾用塑膠
貼紙，重疊後可展現出更複雜的變化效果。

工具與材料

影印機（具手動送紙功能更方便）、玻璃用塑膠裝飾貼紙、紙

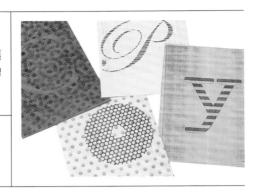

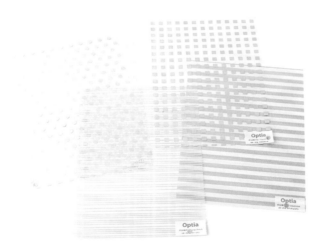

1　用來裝飾玻璃窗的塑膠貼紙樣品，有條紋、圓點等各種款式。

2　此系列是在透明的塑膠貼紙印上珍珠偏光
的圖案。只要調整重疊的方式與濃度，就能
印出不同的效果。

3　首先印出需要的基本文字，再複印或剪裁製成原稿。

4　把原稿和塑膠裝飾貼紙疊在一起，重疊時請一邊考慮怎麼作才能呈現出最好的效果。

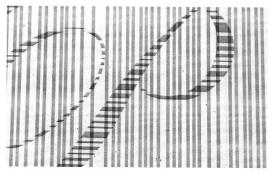

5　以不同的疊印或變換素材的組合方式，試著作出各種不同的感覺，直到滿意為止。影印的好處就是可以立即知道結果。

6　只要調整影印機的濃度，一張塑膠貼紙就能展現出不同的味道。P的部分就是使用同一張塑膠貼紙，印直條紋時顏色較深，而印橫條紋時，與文字重疊的部分則作了反白的處理。

7　決定喜歡的樣式後，依相同程序印在正式的紙張上。因為是使用影印機，所以能一張一張微調作出不同的變化。
設計：野見山櫻　Http://www.atleast.org/

04

使用裁縫機加工

非印刷而是使用縫紉機，靈活運用不同顏色的車線或裁縫機功能，創造出美工效果。只有縫線才能呈現出立體感，還能將文字或圖案剪下再縫合拼接，作品魅力可無限延伸。

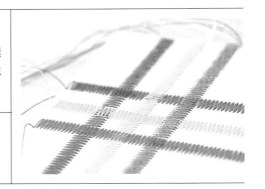

工具與材料

縫紉機、線、紙

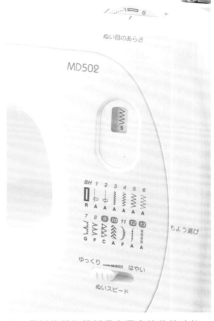

1　請準備一般的家用縫紉機、想使用的縫線顏色與紙張。太厚的紙或把好幾張薄紙疊在一起，家用縫紉機或許無法縫合，此時有可能要使用工業用縫紉機。

2　最近的縫紉機都具有豐富的裁縫功能，即使低價格也可擁有高機能。為了多了解縫紉機到底能作出什麼樣的效果，不妨實際到店裡試用看看。

3　先利用鉛筆在想要縫合的紙張上畫出淺淺的草稿，之後只要沿著線條車縫即可。

4　從縫紉機的選單中選擇喜歡的縫法，並沿著前面畫好的圖案車縫。

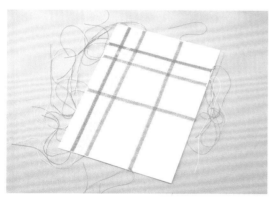

5　縫好之後以橡皮擦把鉛筆的痕跡擦掉，線頭可以剪掉，而保留則有另一番風味。

6　不同顏色或材質的縫線與紙張加上各種組合設計，就能呈現出與印刷截然不同的效果，增加手作的樂趣。

05

植絨加工

所謂的植絨加工，是上膠後再加上絨毛纖維的印刷方式。加工後可呈現毛絨絨的感覺，醒目且效果極好。本單元採用植絨貼紙，介紹以熨斗熱燙的簡易方法。

工具與材料

植絨貼紙（→P.122）、熨斗、廚房用烘焙紙（當襯墊用）、紙（具有印刷圖案或表面有亮光處理的紙張附著效果較差，製作前請先確認。）

1　先以Illustrator繪製圖案，然後委託Europort公司（→P.122）製成植絨貼紙。為了避免讓精準裁切的圖案四分五裂，可先把刺繡用膠紙（透明貼紙）貼在植絨貼紙的正面上。雖然比較費工，但也可自行購買透明貼紙來裁剪以代替刺繡用膠紙。

2　準備紙張和已經貼好刺繡用膠紙的植絨貼紙。

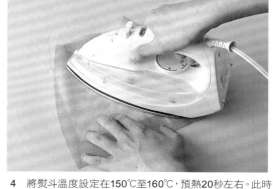

3　把植絨貼紙擺在白紙上，接著鋪上尺寸比白紙大的廚房用烘焙紙當襯墊使用。

4　將熨斗溫度設定在150℃至160℃，預熱20秒左右。此時請記得關閉熨斗的蒸氣功能。燙壓時不要移動熨斗，而是以平面的部分（因為蒸氣孔的地方既不熱又無法產生壓力）盡量利用自己的體重向下施壓，就是此步驟的最大重點。

5　趁熱慢慢撕下刺繡用膠紙。

6　大功告成。彷彿專業絲網印般的植絨加工，成品非常細緻完美。視數量而定，有時直接印製植絨貼紙，可能比外包植絨加工還要便宜許多。

06

模版印刷

首先在模版上刻出鏤空的文字或圖案,再利用刷子或滾筒、噴漆等上色加工。噴灑不均勻或外滲等粗糙的感覺,反而能帶來獨特的魅力。在過去,日本和服的傳統染色也會運用這種方法。

工具與材料

模版用紙、美工刀、切割板、可撕式噴膠、噴漆、紙、
舊報紙或塑膠布等、噴膠清潔劑

1　將圖案列印在模版上,當然手繪也OK。接著準備噴漆印刷用的紙張。

2　以美工刀仔細切割印在模版上的圖案,此時請注意不要連必須保留的部分都割除。

3　切割完畢的狀態。

4　切割完畢後，在模版背面噴上可撕式噴膠，並且將模版貼在準備好的白紙上（只把模版輕輕擺在紙上也可以，不過直接貼在紙上噴出來的效果會比較漂亮）。

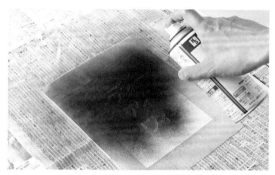

5　為了避免弄髒地板，先鋪上報紙或塑膠布，接著如圖擺上前一個步驟貼好模版的白紙，直接噴漆上色。

6　慢慢撕下模版，等噴漆完全乾燥後，利用噴膠清潔劑擦掉留在白紙上的黏膠便完成。

7　使用不同的紙質或噴漆、甚至直接以刷子沾取油墨取代噴漆，都能作出不同風格的作品。

07

謄寫版印刷

傳統的謄寫版可將手繪版直接拿去印刷。雖然目前已經找不到正統的謄寫版印刷機，但市面上仍有以原子筆製版的謄寫版工具組，只要利用這套工具，就能輕鬆製作自然純樸的印刷品。

工具與材料

謄寫版印刷工具組（→P.122）、謄寫版專用油墨、紙

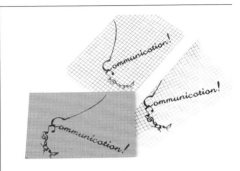

1　謄寫版印刷工具組。在印刷機內，附有印刷網片及油墨用的滾筒、以及製版用的藍色油紙。

2　雖然直接把圖案畫在油紙上也OK，不過這次特別準備了原稿。因為油紙可透視，只要將油紙放在原稿上就能描繪圖案。

3　把油紙疊在原稿上，以原子筆仔細臨摹。太用力會導致油紙破裂，請特別注意。油紙上的藍色，在描繪過後會變成淡淡的藍白色。

4　所有線條都臨摹過後便製版完成。將製好的版面放在印刷機上，確認位置準備印刷。

5　以滾筒沾上油墨，剛開始沾多一點油墨是重點所在。工具組只附上黑色油墨，但另外還有紅、藍、綠、黃等油墨可選購，混合後就能調出個人喜歡的色彩。

6　擺上白紙，在印刷機的網片上滾動滾筒塗滿油墨，彷彿要把油墨壓進版面般確實上色，就能印出美麗的圖案。

7　輕輕打開版面便大功告成。如果分別疊上好幾個版面進行印刷，也可表現出多色印刷的效果。若使用水性墨水還能印製較厚的紙張，不妨變換紙質來試著印看看。

08

使用印章工具組在家製作印章

若想自製創意印章，可以選購日本的「EZ印匠」工具組。
只要搭配噴墨印表機，就能利用工具組在家自製印章。

工具與材料

印章工具組「EZ印匠」（→P.122）

1　可以自製印章的「EZ印匠」。將原稿的圖案印在印章膠紙上，就能製造創意印章的工具組。

2　首先利用噴墨印表機，在附贈的設計膠紙上印出黑白相反的影像。反白的部分就是印章的圖案。

3　把印好的設計膠紙放在主機上，接著疊上印章膠紙，然後把圖案印在印章膠紙上。

4　取出印好的印章膠紙，在托盤內倒入淺淺的水，洗去膠紙上不需要的部分。請注意不要用力刷洗，以免連細小的圖案也洗一併洗掉。

5　等不需要的部分洗掉後，讓印章膠紙完全乾燥，接著配合印台尺寸裁剪並黏貼固定。至此便完成自製的創意印章。

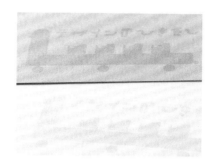

1　「Versa Mark」（左）
「Versa Mark Dazzle」（右）
印在色紙上會呈現深淺色調的
透明印泥，若印於薄紙上，還
能製作出類似透視般的效果。
「Versa Mark」這款添加了珠
光，蓋印後會閃爍出微微的高
雅光澤。

2　「Opalite」
適合印在深色紙上的珍珠偏光
顯色系列。在光線的折射下，
會因角度不同而產生不一樣的
珍珠光澤。包含書中所介紹的
星星霧光（白）、絲柏霧光
（綠）和北歐冰（藍）等，總
共有9種顏色。

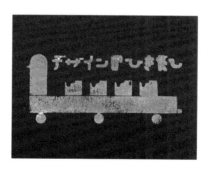

3　「StāzOn' opaque」
可印在玻璃、塑膠或金屬等紙
張以外的不吸水材質上，為不
透明的印泥。若印在黑色紙張
上，也能清楚顯現圖案。除了
照片中的棉白色外，還有奶油
黃、桃紅色等共6色。

09

以樹脂版製作印章

若想製作精細的創意印章，雖然委託刻印店幫忙也OK，但尺寸規格上通常會有所限制。本單元將介紹凸版印刷中所使用過的樹脂凸板，自行裁剪來製作印章的方法，如此一來就能隨心所欲製作各種尺寸的印章。

工具與材料

樹脂版（→P.125）、雙面膠、壓克力板

1　印章用的樹脂版，這次委託專門製作樹脂凸版的真映社幫忙，並特別採用最適合製作印章的柔軟彈力樹脂版。不同用途所使用的樹脂版材質也會出現差異，因此製作前請務必先詢問製版廠。

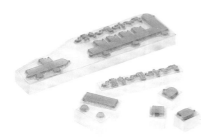

2　在切成適當大小的壓克力台座上，以雙面膠黏貼固定樹脂版。透明的壓克力可從上方確認蓋章的位置，不過為了方便蓋章，也可使用附把手的印章台或木塊等當台座。

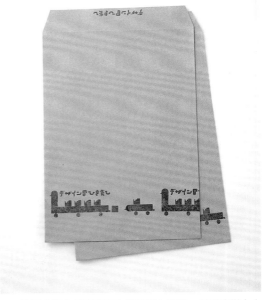

3　使用自製的創意印章在信封印上圖案。只要改變大小印章的搭配組合，就能依蓋章的位置不同而創作出更多的圖案變化。

10

使用印刷筆印刷文字

想在紙箱上印出商品編號時所使用印刷筆，只要擁有這種工具，就能在各種意想不到的地方輕鬆印上文字。

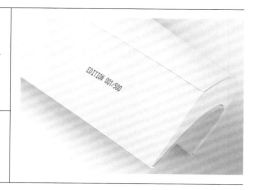

工具與材料

印刷筆（→P.123）、電腦、紙

1　印刷用的印刷筆。體型輕巧，前端具有特殊的印刷裝置。以USB接頭連接電腦就能輸入印刷文字，例如英文字母、數字及部分記號等。

2　在需要印刷的物體表面，如臨摹般印出字體。移動速度會改變印刷出來的文字形狀，若想印得整齊漂亮，最好事先加以練習。此外移動的速度或開始印刷的時間等，都可利用電腦來進行設定。

3　將印刷筆對準書的裁切面，印上編輯號碼。不論是立體的位置或任何意想不到的地方都可利用印刷筆印刷，因此展現創意的範圍也無限延伸。

11

挑戰絲網印刷

若使用印製Ｔ恤圖案的個人型絲網印刷機，除了布料以外
的紙張等材質也都能輕鬆地自行印刷。任何紙張或材質都
可進行絲印，想擁有和一般印刷不同的效果時，就是最好
的選擇。

工具與材料

「Ｔ恤君」（→P.123）、紙

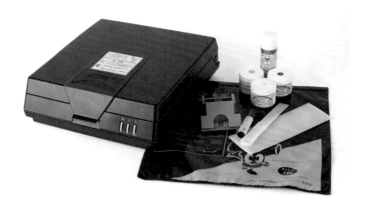

1　家用絲網印刷機「Ｔ恤君」。過去「PRINT GOCCO」也可用來製作
絲印，但目前已售罄購買不到，於是想簡單絲印時可選用「Ｔ恤君」。如
果印刷面積小也不會造成影響，還可使用「Ｔ恤君Jr」來印刷。

2　在專用絲網版上製作想印製的圖案，
此時請在沒有光線的黑暗場所作業。

3　把即將要印刷的材質夾進 T 恤君，這次所使用的是紙張，然後在絲網版上塗抹專用油墨。可以使用白色或金色、銀色等一般印刷無法採用的特殊色彩，就是絲印的最大特徵。表面有上光加工或較平滑的印刷紙張等，只要使用油性墨水也能進行絲印。

4　利用專用刮板（寬尺寸）將油墨由上往下推，此時不急不徐、力道平均就是關鍵所在。

5　印刷完畢打開絲網版。由於乾燥需要一段時間，可將印好的材質先移往別處，若有需求可開始進行下個絲印。

6　一般文具店都可買到的報告書封面，即使是隨處都買得到的物品，只要在封面絲印就能變身成為嶄新的設計。

實踐篇

II

紙的加工

01

利用水裁切紙張

把日本和紙等以長纖維製成的紙張，如手抄紙般在周圍留下毛邊的裁切方法。利用這種方法將較大紙張裁成小尺寸時，就能輕鬆在四邊製作毛邊效果。

工具與材料

日本和紙等纖維較長的紙、毛刷或毛筆、水

1　準備和紙之類的紙張，摺疊要裁切之處以摺出清楚的線條。

2　將毛筆沾滿水，沿著剛剛的摺線畫一道讓裁切部分沾濕。

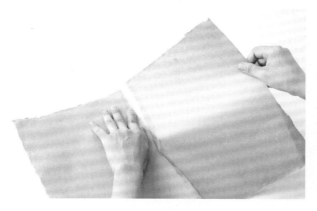

3　手拉住紙張邊緣，撕開沾水的部分，利用桌角或直尺可撕得更整齊。如果把沾水的部分揉成圓形，則可撕出圓弧或不規則的線條。

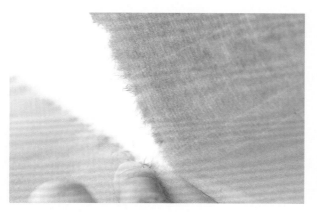

4　依據紙張種類、厚度或纖維長度的不同，所產生的毛邊也都不一樣，各具特色。

5　四邊全部沾濕並撕開，彷彿一開始就是這種尺寸的和紙，毛邊效果非常特別。

02

打洞、穿繩

如書籤、標籤或價格標一般，在紙張上打洞並穿繩。只是在
小小的卡片上花點心思，就能營造出各種有趣的風貌。改變
繩子的材質或顏色，還可展現出更多的組合變化。

工具與材料

印刷好的紙張、繩子或線、皮革打洞器、鐵錘、
切割板或襯墊、美工刀

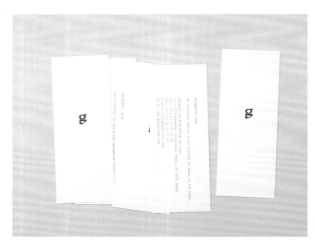

1　把已經印好的紙張裁剪成所需大小。

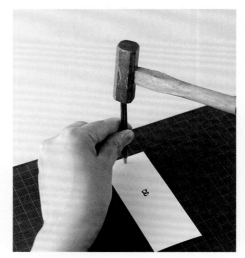

2　確認繩子的粗細，選擇皮革打洞器的尺寸，
在適當的位置上打洞。

3　確實打洞，並檢查洞口是否留有紙片。

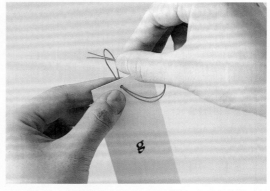

4　依個人喜好裁剪繩子長短，並且對摺。如圖把對摺的一邊穿過洞口，再將另一側的兩條線頭同時穿過拉緊即可。

5　非常簡單的加工手法，可讓印刷品呈現另一種風貌，展現一種特別的效果。

03

信封打洞加工

只是在既有的信封上打洞，就能輕鬆製作創意信封。如果多付出一些勞力，還可挑戰更高難度的作品！改變信封裡的卡片或信紙顏色，就能擁有各種不同的有趣變化。

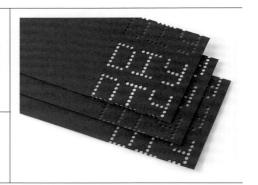

工具與材料

信封、皮革打洞器、鐵錘、切割板或襯墊、
可撕式的噴膠、噴膠清潔劑

1　準備用來打洞的
信封。

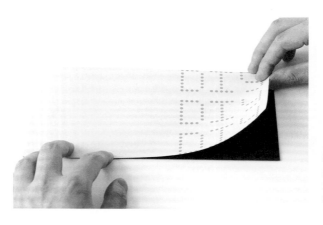

2　印出要打洞的圖
案，準備紙型。在紙
型背面輕輕噴上膠，
並貼在信封平坦（沒
有開口）的那一面。

3　以皮革打洞器按照紙型的圖案在信封上打洞。打洞數多所花的時間也比較長，所以設計圖案時就必須先加以考慮。

4　打洞結束後撕下紙型，以噴膠清潔劑擦掉殘留在信封上的黏膠。

5　此為完成品，信封開口的部分也有整齊的洞洞圖案。只要把色紙或彩色印刷的紙張放入信封，就能從洞中看到裡面的顏色，感覺十分亮麗。

04

使用打孔機刻上細緻圓點文字

當駕照或護照過期失效，或是要在各式票券附上日期時，通常會使用到打孔機。打孔機可在紙上刻出「VOID」等固定文字、數字及其他的特殊符號，還能在紙上打出一般刀模無法裁切的細小圓孔。

工具與材料

打孔機（→P.123）、紙

1　本單元所使用的是手動數字打孔機，可以自由設定到七位數。為了通知客戶公司搬遷的消息，所以在明信片上打出搬遷日期。

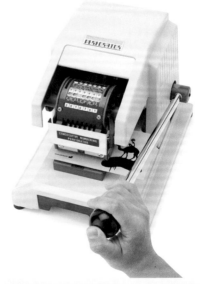

2　只要調整中央的數字轉盤，擺放紙張後將手把往下壓即可。若是單張打洞，即使稍有厚度的紙張，用點力也能順利加工。除了手動之外還有電動的機種。

3　打出來的圓孔極為細緻，直徑僅有1mm。也可更換直徑1.4mm的針來打洞。

4　因為是數字打孔機，所以連續打洞時數字會自動進位。在印好的票券或會員卡上打洞編號，可展現時尚流行感。

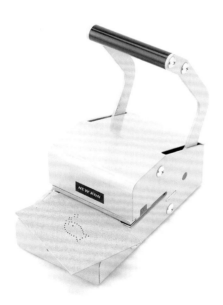

5　除了數字打孔機之外，還有可以刻出固定文字或記號的小型打孔機。廠商或許能配合客戶來提供特別的圖案或尺寸，因此構思DIY設計時不妨洽詢廠商。

05

使用藝術剪刀製作紙袋造型的店頭海報

可剪出波浪或鋸齒狀的剪刀，市面上有各種手工藝用的款式
與種類。利用波浪的藝術剪刀，製作出紙袋造型的店頭POP
海報。

工具與材料

藝術剪刀（→P.123）、紙緞帶、印刷好的紙張、POP立牌

1　準備材料為已經印好圖案的明信
片大小紙張、用來製成提把的紙緞帶
及波浪藝術剪刀。

2　先以波浪剪刀修剪紙張上端。使
用較厚的紙張，會比較容易裁剪。較
長的兩邊必須筆直裁剪，建議使用滾
輪式美工刀。

3　裁剪完畢，如圖將摺好的紙緞帶貼在背面，作
成紙袋提把的模樣。黏貼時可使用市售的影印用標
籤貼紙。

4　將紙袋造型的海報夾在POP立
牌上即大功告成。雖然袋口被剪成
波浪狀，但猛一看還是非常接近紙
袋的造型。

波浪、鋸齒等五種造型的好用藝術剪刀。

鋸齒

扇貝型

圓形

小波浪

大波浪

滾輪式美工刀。
只要把各種不同的刀片安裝進本體，就能裁切出各種線條紋路。本體附有直線刀片。

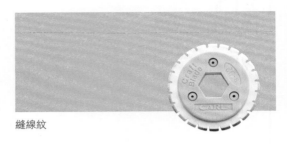

縫線紋

不規則

小海浪

山峰

圓形

不規則曲線

維多利亞風

殖民建築風

大海浪

06

使用手動圓角機為紙角加工

卡片或小冊子等簡單的紙製品，只要將紙角裁圓，就能增加
商品的感覺。裁切方式非常簡單，不論是印好的明信片或照
片等，用途廣就是最大的魅力。

工具與材料

圓角機MAC DIAMOND-1（→P.123）、需裁切的物品

1　本單元使用的是裁切筆記本專用的圓角機。另外還有
小型的電動機種，本機型雖為手動，卻能一次裁切重疊至
10mm厚的影印紙。

2　把紙張對準圓角機的左右卡榫，擺放位置不要偏移。

3　將把手向下壓裁切紙角。如果裁切尺寸較大或具厚度
的紙張，可以另一隻手壓住紙張。

4　以相同方法裁切另一個紙角便大功告成。MAC
DIAMOND-1機種有其他的刀片尺寸，可另外購買半徑
3.5mm、6mm、10mm的三段式圓角款式。本機種所附
之標準刀片為半徑6mm。

實踐篇

Ⅲ

後續加工

01

將印刷品製成真空袋

真空袋主要是為了保存食物，排除袋中空氣後，以真空的狀態來密封。這是被當成一般家庭用品來販售的工具，當然也可用來密封印刷品，袋子緊貼內容物的狀態別具魅力。

工具與材料

要裝進真空袋的內容物、PE‧PP‧PVC塑膠袋（即使材質符合，仍有可能出現無法真空處理的情況，請事前確認）、真空密封機（→P.124）

1　準備內容物（本單元使用燙金加工的手抄紙），以及能利用真空密封機密封的塑膠袋。

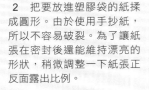

2　把要放進塑膠袋的紙揉成圓形。由於使用手抄紙，所以不容易破裂。為了讓紙張在密封後還能維持漂亮的形狀，稍微調整一下紙張正反面露出比例。

4　把揉成圓型的紙放進塑膠袋，整理一下內容物的形狀
或位置，將塑膠袋的袋口夾進真空密封機。

5　按下開始鍵，開始排除空氣。排氣結束後袋口自動加
熱封口，便完成真空收縮袋。

6　貼上貼紙就大功告成了！這項作品是日本服飾公司
DEVOA的邀請函。（→P.035）

02

利用塑膠封口機密封

PE塑膠袋等不使用接著劑封口，而是直接加熱溶解袋子本身的塑膠材質，並以加壓的方法來封口。許多零食、食物、藥品等都是採用這種方式，若能運用在印刷品或DM的包裝上，也可製造出獨特的效果。

工具與材料

PE・PP・PVC塑膠袋（即使材質符合，仍有可能出現無法加熱密封的情況，請事前確認）、塑膠封口機（→P.124）

1　準備內容物和可用在塑膠封口機上的袋子。本單元是使用購於包裝材料行的銀色袋子，以及內側具夾層加工的薄紙袋。

2　將內容物裝進袋中，內容物過長會卡在袋口，因此選擇內容物時須先考慮大小及袋子的尺寸。

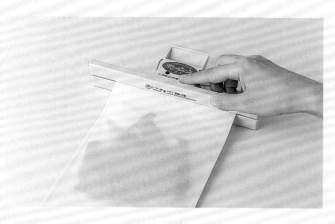

3　啟動塑膠封口機電源，暖機後如圖夾住要封口的地方。

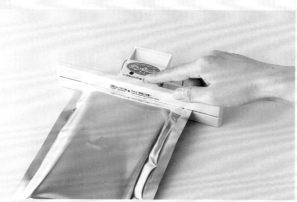

4　按下塑膠封口機的開始鈕。只要改變內容物或袋子的材質，就能自由變化出不同的效果。

5　只需數秒就能完成封口。不同的塑膠袋材質，所需的熱壓密封時間也會有所差異，製作前請先確認。

03

毀損加工

如同經過褪色加工的牛仔褲般，這是一種刻意製造長期風化‧耗損的感覺，帶來經年累月所產生的破損效果。本單元是在厚紙板的邊緣進行毀損加工。

工具與材料

厚紙板、金屬刷、方形盤、水

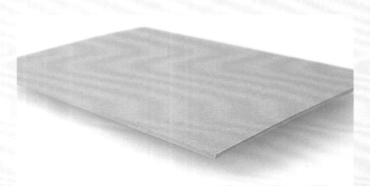

1 準備一張厚紙板（這次使用 4 mm 厚的紙板，若要製作DM或卡片，請準備已印刷完成的紙板）。

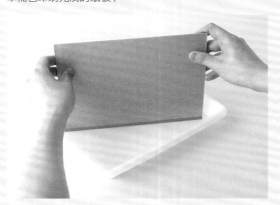

2 在方形盤內裝水，並如圖將厚紙板的四邊浸水。

3 浸泡時間太短紙的纖維不易鬆開，浸泡時間太長厚紙板則會分解，所以必須配合紙的特性來調整浸泡時間。

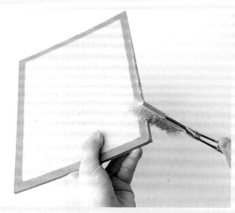 

4　厚紙板吸水變軟後，利用金屬刷在厚紙板的邊緣來回刷或敲打，製造出破損的感覺。

5　作出自己想要的感覺後，等紙乾燥就大功告成。

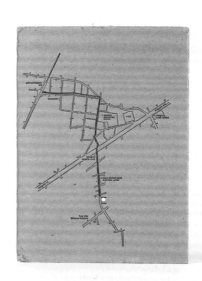

6　乾燥後的完成品。這張卡片是服飾公司**DEVOA**的時裝秀邀請函，以燙印及版畫的方式呈現出資訊內容。

04

毀損加工＋著色

利用前一個單元所介紹的毀損加工，繼續著色來加強年代久
遠的效果。運用毛細現象，讓紙張染色。

工具與材料

紙、方形盤、水、染料（咖啡色、黑色等）

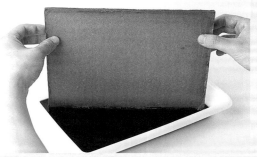

1　將完成毀損加工的厚紙板（乾燥前的狀態），整張輕
輕地以水沾濕。接著把厚紙板的四個邊，如圖浸泡在事先
調好的顏料中（深咖啡加上少量的黑色墨水混合均勻）。

2　輪流將厚紙板的四邊浸泡顏料，讓墨水滲入邊緣。

3　等顏料滲透後，乾燥即完成。使用不同的紙
質或顏料，就能作出各種不同的變化。

05

縐紋加工

用手揉捏紙張，刻意作出縐褶的效果。請選擇容易留下縐紋的紙張，不同紙質所產生的紋路也風情萬種，簡單卻帶來極具味道的效果。

工具與材料

容易留下縐紋的紙張或紙袋（本單元使用上蠟的牛皮紙袋）

1　準備要加工處理的紙張或紙袋。半透明的上蠟紙張會留下白色的紋路，讓效果更佳。

2　以手揉捏紙張，不同紙質所產生的縐褶效果也不一樣，不妨多嘗試各種紙質及揉捏方法，找出自己喜歡的模式。

3　將揉好的紙張或紙袋慢慢打開，小心別弄破。紙張的攤開程度也可依個人喜好來決定。

4　採用縐紋加工製作而成的服飾公司「The Viridi-anne」時裝秀邀請函，傳達出時裝秀的主題「蛹」。

06

利用熨斗熱燙箔紙加工

通常燙箔加工是使用金屬凸板來壓印，即使只印製數張或是
在說明企劃案時使用，成本都會非常高。此時若準備燙印箔
紙，就能利用一般的熨斗進行燙印加工。

工具與材料

燙印箔紙（→P.124）、熨斗、印刷好的紙張

1　燙印箔紙是利用熨斗
燙出壓箔效果的薄膜，除
了金色、銀色之外，還有
彩色金屬或雷射光等。

2　準備以影印機或雷射
印表機印好的原稿、以及
想使用的燙印箔紙。如果
使用噴墨印表機印出原
稿，請務必將原稿影印後
再使用。

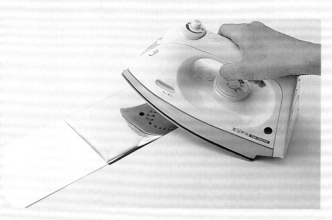

3　把箔紙疊在原稿上，接著讓熨斗加熱到指定的溫度，並輕輕壓在箔紙上。此時箔紙若出現縐褶會整個黏在一起無法順利分離，處理時請小心。

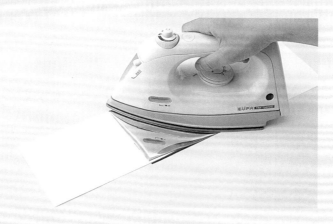

4　等箔紙完全貼合在紙上，開始利用自己身體的重量用力向下按壓熨斗，由於熨斗的熱燙面積有限，所以慢慢移動熨斗的位置分次按壓。

5　一邊確認箔紙是否完全印在紙上，然後輕輕撕離多餘的箔紙便完成。

07

收縮膜加工

在書店經常會看到包著收縮膜的新書。如果是個人出版或印量較少的書籍，包上收縮膜不僅感覺更專業，同時還能避免新書破損髒污。只要利用不同的收縮膜包法，就可創造出全新的書籍包裝模式。

工具與材料

收縮膜封口機、熱風槍、收縮膜（→P.124）、要包收縮膜的物品

1　包收縮膜的所需工具組。雖然使用一般吹風機也OK，但溫度太低可能會影響到完成度，為了讓作品更完美，建議購買專用的熱風槍。

2　把物品裝入收縮膜內，收縮膜有各種不同尺寸，請依用途來選擇。

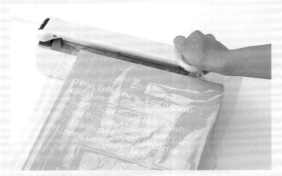

3　利用封口機壓住收縮膜的袋口。如果膠膜太大無法一次完全壓合，可分次來封口。

4　以熱風槍對著收縮膜吹送熱風，不要集中在某一個部位，而是整體均勻地加熱，於是膠膜就會開始收縮。

5　當收縮膜整個緊
繃，表面平滑無縐褶便
完成。如果為了去除收
縮膜上的縐紋而過度加
熱，有可能導致膠膜溶
解破損，因此適度加熱
是重點所在。

6　把好幾本書一起包
進收縮膜，甚至連立體
的物品也能利用收縮膜
包裝。只要發揮創意巧
思，就能找到全新的包
裝方式。

08

使用微晶蠟上蠟加工

可產生獨特透光效果的上蠟加工，通常會運用在捲筒紙的大量印刷上，如果印量較小時廠商可能無法承接。但只要善用家中工具，就能自行上蠟加工。

工具與材料

熨斗、廚房耐熱墊（具矽膠塗裝加工的耐熱墊）
微晶蠟（石蠟或蜜蠟亦可）、紙

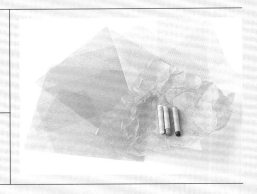

1　使用工具有熨斗、廚房耐熱墊和蠟。具柔軟度的微晶蠟使用起來很方便，但石蠟或直接削蠟燭來代替都可以。

2　把切碎的微晶蠟夾在對摺的廚房耐熱墊裡，一次放太多蠟溶解後會滲出，所以剛開始宜少量，之後再慢慢追加即可。

3　如圖以熨斗加熱溶解微晶蠟，並讓蠟油擴散開來。微晶蠟的溶解溫度為70℃至80℃，而石蠟則是55℃至70℃，因此設定低溫即可。

4　掀開廚房耐熱墊，夾入要上蠟加工的紙，選擇薄而小的紙張會比較方便作業。此時若微晶蠟已凝固變硬也沒關係。

5　繼續以熨斗整面加熱，溶解的微晶蠟會慢慢被紙張吸收，所以使用時一定要均勻地按壓。

6　等微晶蠟完全滲透吸收，取出紙張即完成。如果紙張的某一部分未染到蠟，可依前面步驟追加上蠟，而蠟太多則以吸水紙去除，再次加溫就能作出漂亮的效果。

上蠟加工前　　　　　　　　　上蠟加工後

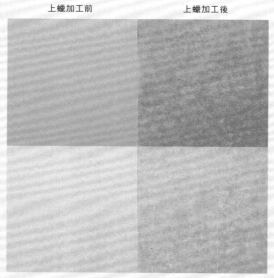

7　蘋果綠（上）與淡黃色（下）的紙張，上蠟加工後顏色都變得更深，而且呈現出透光感。

09

使用手動式壓紋機加工

如果希望結婚請帖或信紙更具高級質感，不妨多利用手動式
壓紋機。只要選購針對個人使用者而製作的簡單機種，就能
輕鬆自行加工。

工具與材料

手動式壓紋機（→P.124）、紙

1　手動式壓紋機的本體。有攜帶型和桌上型兩種，主機
的顏色也有多種選擇。

2　主機和模版（壓紋版）為可拆解及替換的設計。模版
有固定的款式，也可訂製特殊圖案。

3　只要把紙張夾入壓紋機，直接按壓即可。輕鬆就能壓
出美麗紋路，不論信紙、名片或信封等都可隨意加工。

4　壓紋加工後的信封與信紙。即使原本就有凹凸紋路的
紙張也不會受影響，而且細小的文字都能清楚呈現。

實踐篇

IV

裝訂・製書

01

騎馬釘裝訂（薄的作品）

不論是場刊等薄冊子或週刊雜誌類的厚書籍，都可採用書背
裝訂釘書針的方法。本單元是使用普通的釘書機，因此不適
合裝訂太厚的書籍。

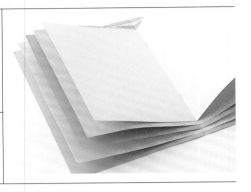

工具與材料

封面、內頁用紙、美工刀、切割板、畫線針或雙頭圓珠筆（筆尖為
球形，轉印或紙雕所使用的工具）、夾子、釘書機、瓦楞紙之類的
襯墊

1　準備封面、內頁用紙。若要製作型錄，則準備版面設
計完成並印刷好的紙張。

2　利用畫線針在中央（書背）畫出摺線。先畫出摺線，
就能將紙張漂亮地對摺。

3　依頁碼順序擺上畫好摺線的內頁用紙，以夾子固定。

4　本單元以一般的釘書機來取代專業的裝訂用釘書機，
首先如圖打開釘書機。

5　從封面外側，在摺線上的兩個位置如圖直接壓上釘書針。此時下方必須墊著瓦楞紙之類的材質，讓穿過封面的釘書機刺入緩衝墊，作業起來比較方便。

6　翻面後可看到釘書針穿出的狀態。

7　直接將釘書針向內按壓，沿著摺線從中對摺即可。

8　完成品。

02

騎馬釘裝訂（厚的作品）

前一個單元介紹如何利用普通的釘書機，裝訂較少頁數的冊子。接下來將以專業的裝訂用釘書機，來示範較厚書籍的裝訂方法。

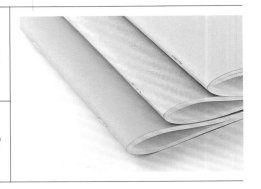

工具與材料

封面、內頁用紙、美工刀、切割板、畫線針或雙頭圓珠筆（筆尖為球形，轉印或紙雕所使用的工具）、夾子、大型製書專用釘書機（→P.124）

1　這次使用MAX的大型製書專用釘書機，連厚達160頁（相當於PPC用紙64g/m²）的書本也可以順利裝訂，而裝訂深度最大可達256mm。

2　準備封面、內頁用紙。頁數越多，接近中心位置的頁面寬度就會越窄，所以在設計內頁時必須多加注意。

3　利用畫線針在中央（書背）畫出摺線。先畫出摺線，就能將紙張漂亮對摺。

4　依照頁碼順序擺上畫好摺線的內頁用紙，並以夾子固定。

5　設定好大型釘書機的裝訂位置，如圖從封面上的摺線
釘上釘書針。（通常這種尺寸只釘兩針即可。）

6　拿掉夾子，沿著中央摺線整齊對摺。

7　將外露的內頁裁切整齊便完成。

8　完成品。

03

車線製書（中間裝訂）

利用縫紉機車縫裝訂，完全不使用訂書針，是一種既安全又環保的裝訂方法。從正中央車縫，書背上的縫線還能成為可愛的小裝飾。

工具與材料

縫紉機、線、封面、內頁用紙、美工刀、切割板、夾子

1　準備封面與內頁用紙。本單元以白紙來示範，但實際作業時會使用印刷或列印好的紙張。

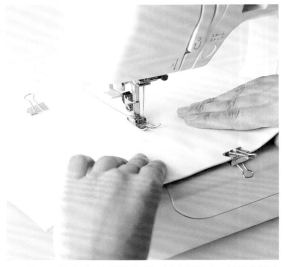

3　依頁碼順序重疊封面和內頁，以夾子固定，並沿著摺線車縫。尾端不必特意來回多車縫幾次，直接結束即可。

2　為了確認中間的車縫位置，把紙張對摺，摺出清楚的線條。

4　車縫完成的狀
態。刻意保留一段線
頭，充滿車線製書的
氣氛。

5　沿著車線對摺，
以美工刀或裁切器
將外露的內頁裁切整
齊。

6　完成品。車線兩
端都保留一段線頭，
具有特別裝飾效果。

04

車線製書（平面裝訂＋寒冷紗）

寒冷紗是一種織紋較粗的布料，通常用來加強書背或連接內頁與封面。直接上膠就能裝訂書籍，不過刻意讓寒冷紗外露也能展現不同的風味。

工具與材料

縫紉機、線、封面、內頁用紙、美工刀、切割板、夾子、寒冷紗

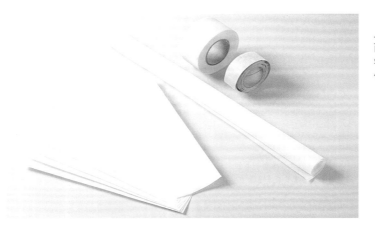

1　除了一般的寒冷紗，市面上還有經過膠帶處理的種類，而在尺寸上也有整捆或卡片型等，選擇非常多樣化。本單元使用最方便的膠帶型寒冷紗。

2　準備要裝訂的封面與內頁。本單元以白紙示範，但實際作業時會使用印刷或列印好的紙張。

3　依照頁碼順序重疊擺放內頁，並以夾子固定，如圖以縫紉機車縫。一般家用縫紉機可能無法縫合太厚的紙張，製作時請多加注意。如果想裝訂較厚的書籍，建議使用專業的工業用縫紉機。

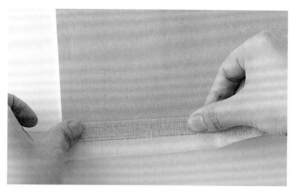

4　車縫完畢就是一本可愛的線裝書，但基於強度或美觀上的
考量，也可貼上寒冷紗。以書背為中心，在封面和封底同時
貼上寒冷紗。

5　尾端不必特意來回多車縫幾次，而且刻意保留一段車線更
能呈現出線裝書的魅力。

05

日式線裝書（簡易式）

日本傳統的裝訂法，有所謂大和、四目、麻葉及龜甲式等各種不同形式。原本鑽洞的數量和穿線手法都有固定模式，但自行變化運用反而能帶來新鮮感。

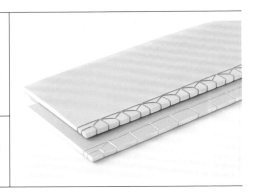

工具與材料

封面、內頁用紙、美工刀、切割板、夾子、錐子、裝訂用線、縫書針、黏膠、可撕式噴膠

1　準備封面、內頁用紙。通常日式線裝書內頁都是字體朝外對摺，但直接將單頁紙張重疊裝訂也不錯。封面四邊不必摺疊處理，以單張紙來裝訂，可呈現輕鬆休閒氣氛。

2　如圖準備一張標示打洞位置的紙，以可撕式噴膠黏在封面上，並以錐子鑽洞，貫穿整疊紙。

3　打洞結束後，撕掉最上面的紙。

4　封底朝上，如圖從中間頁數開始往上掀開，並將針穿進右側數來第二個洞裡。此時以黏膠把線頭隱藏固定在內頁中。

5　針線繞過書背，從整本書的最下方再次往上穿過右側數來的第二個洞。

6　針線由上往下穿過左邊的洞。

7　繞過書背，再次由上往下穿過同一個洞。

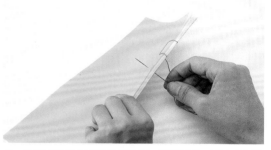

8　針線由下往上穿過左邊的洞，繞過書背，再次由下往上穿過同一個洞。穿線過程中拉緊縫線，就能裝訂出漂亮的書冊。

9　不斷重複相同步驟，等回到第一個洞即可打結並剪斷縫線，最後以黏膠將線頭隱藏固定在洞中便大功告成。再以噴膠清潔劑把殘留在封面的噴膠擦拭乾淨。

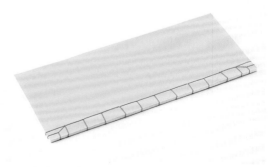

10　完成品。也可參考正統日式線裝書的作法，自行研發各種刺繡般的裝訂法。

06

蛇腹摺製書

紙張不斷重複向內、向外摺，就是所謂的蛇腹摺製書。由於摺數、尺寸或長度都沒有限制，所以再多的紙張也能連接，製成一張長長的作品。

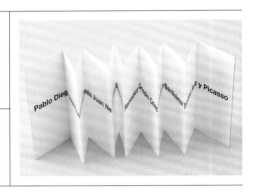

工具與材料

封面（不加封面也OK）、內頁用紙、美工刀、切割板、尺、膠水、畫線針或雙頭圓珠筆（筆尖為球形，轉印或紙雕的工具）

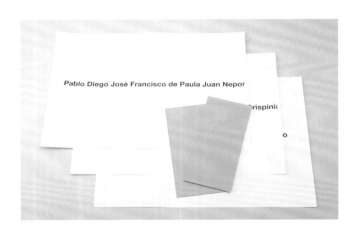

1　準備封面與內頁用紙。影印內頁時，別忘了加上摺線位置的記號。如果要連接好幾頁，還要保留塗抹膠水的部分（視作品而定，寬度約為10mm左右）。

2　沿著摺線記號，以畫線針畫出線條。

3　把用來製作蛇腹摺的紙張全部裁切好。

4　沿著摺線依序向外、向內摺。

5　塗上膠水，把內頁連接在一起。

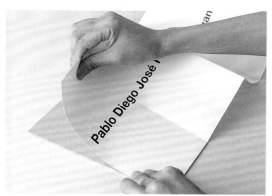

6　所有內頁全部連接，最後貼上封面和封底便完成。把
重物暫時壓在整本書上，就能讓摺痕變得更明顯。

7　完成品。

07

自黏信封

如果要在印刷品上壓撕線、撕條或摺線加工等都可委託專門的業者幫忙,而簡單的上膠若自己動手處理,只要花點巧思與時間,就能自由運用各種材質製作出不同款式的信封。

工具與材料

已印刷完成且附有撕線、撕條及摺線的信封型紙張、雙面膠或立可膠等方便使用又不會滲溢的黏著商品

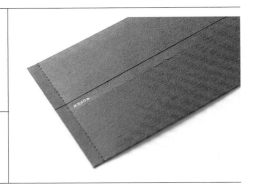

1　委託印刷廠或紙廠製作,印刷完成且附有撕線、撕條及摺線的信封型紙張。由於是郵寄用信封,因此製作前必須先調查尺寸及重量等規定,讓作品符合郵局寄送標準。

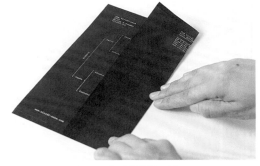

2　沿著摺線手工摺紙,作成信封的形狀。

3　在天地及左側塗上立可膠或貼上雙面膠(黏著力強又不會滲溢)。

4　把上膠的部分貼合,製成信封狀。

5　完成品。

6　收件人要打開信函時，先將沿著天地的撕線撕開。

7　接著從印有OPEN記號處，撕開正中央的撕條，就能看到裡面的文字訊息。

8　這個信封是服飾公司The Viridi-anne的邀請函，而這場時裝秀的主題是「脫皮」。

08

利用活頁打孔機製作金屬線圈書

筆記本經常採用金屬線圈的裝訂模式。如果是簡單的印刷品委託輸出中心或影印店即可製作，但想選擇特殊材質或混搭不同尺寸的內頁，則自己製作比較方便。本單元將介紹工具組的使用方法。

工具與材料

活頁打孔機　雙線圈裝訂機組（→P.125）、製書用紙張與封面

1　TOZICLE的雙線圈打孔裝訂機組。裝訂機（左）與打孔機（右）的組合，打孔機有配合刻度按壓及滑動兩種模式。

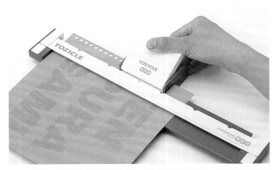

2　首先利用按壓式打孔機在書背位置打洞。移動時將打孔機對準刻度上的凹孔，就能等距地均勻打洞。

3　內頁與封面都打洞完畢的狀態。這次使用素描油紙和圖畫紙製作素描簿，兩本都是正方形。

4　依素描簿的尺寸裁剪金屬雙線圈，安裝在裝訂機的側邊，再如圖穿進書頁的孔洞中。

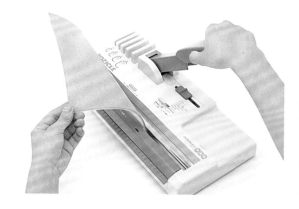

5　等金屬雙線圈穿過書頁，如圖卡進裝訂機的凹槽內，此時請小心避免線圈脫落。壓下把手，就能確實裝訂書本，不會出現線圈閉闔不完全或被壓扁的情況。

6　確認線圈完全固定便大功告成。除了本單元所介紹的金屬雙線圈之外，還有塑膠線圈、螺旋狀線圈等其他款式的裝訂機。

09

利用金屬活頁夾自製檔案夾

如果想製作有別於一般市售款式的檔案夾,只要準備金屬活頁夾,就能創作出各種尺寸或不同封面材質的作品。由於內頁可自由更換,當成作品集來使用也非常方便。

工具與材料

金屬活頁夾(→P.125)、螺絲(→P.125)、事先打洞的紙張

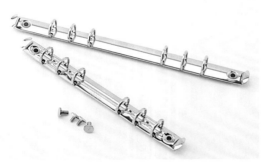

1　一般文具行都可買到金屬活頁夾,有 2 至 6 孔的檔案用、筆記本或帳冊用的多孔款式,可依用途來選擇長度或種類。

2　首先準備材料。本單元利用封面、封底、內頁用紙及手帳用的 6 孔金屬活頁夾,來製作藝術工作室的記錄檔案。

3　重疊封面和封底,金屬活頁夾以螺絲固定。由於封面採用較厚的材質,而且還要固定金屬活頁夾,所以事先打洞並壓出摺線。

4　固定好金屬活頁夾,完成檔案夾的外型。本單元是使用一般的雙孔打孔機,所以封面和封底必須分別打洞。如果能在正中央打洞不受打孔機的限制,直接使用整張紙來製作封面也OK。

5　裝進內頁，便完成自製的創意檔案。整個檔案夾是採用可分解的配件所構成，因此能隨時更換封面或內頁。

6　此藝術工作室讓小學生畫出文字和色彩的聯想，並且親手製成檔案夾。只要材料齊全，連小朋友都能輕鬆組合製作。

10

以水性白膠固定書背

具透明質感，以厚實書背為特徵的ZINE——あらわ
（→P.022）。書背就是整塊的樹脂，看起來非常奇特，而
且每一本的形狀都不相同，感覺十分有趣。事實上，這只
是利用水性白膠固定而已。

工具與材料

水性白膠、紙

1　為了固定書背，請準備市售的木工用白膠。只要使用這瓶白膠，就能製作出厚實的書背。也可利用其他水性乳狀黏膠來替代。

2　首先在書背上均勻地塗一層薄薄的白膠，此時請確實固定整疊書頁避免分散。靜置一會兒讓白膠乾燥。

3　等書背乾燥後，在下面墊上不怕黏的墊子（本單元是裁剪透明文件夾來使用），然後大膽心細地塗上白膠。

4　靜置數日直到白膠乾燥出現透明感。雖然不同種類的白膠或季節都會影響，不過通常靜置三天即可。照片中是第二天開始要乾燥的狀態。

5　完全乾燥後，輕輕撕下塑膠墊。如果乾燥不完全，未乾的
白膠會黏在墊子上，製作時請多注意。

6　完成品。書背上的透明乳白色塊狀物略帶彈性，感覺十分
奇特。

11

使用鉚釘自製樣品書

在紙張的樣品冊上經常會看到塑膠鉚釘，市面上所販售的商品通常稱為塑膠螺絲或塑膠文具扣。某些種類可自由裁剪決定長度，自製樣品書或簡單的書籍時非常方便實用。

工具與材料

塑膠鉚釘（→P.125）、紙

1　塑膠鉚釘。乳白色通常是採用PE材質，而透明黃色則是水溶性樹脂所製成，是可以和紙張一起回收的環保材質。

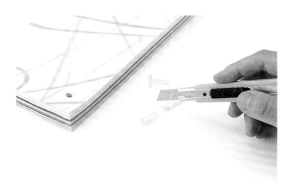

2　製作方法，首先在書頁上打洞，然後配合厚度裁切卡榫。使用剪刀或美工刀即可輕鬆裁剪。

3　將卡榫插入書頁洞中，並從另一頭以手將鉚釘壓進卡榫。如果是水溶性卡榫，插入前先將鉚釘沾水，一旦插入卡榫就會完全固定絕不鬆脫。

4　依照顏色來系統分類，完成日本和紙的樣品冊。只要準備更多鉚釘，就能製作2孔的文書資料或自製簡易書籍。

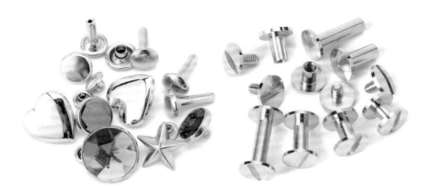

5　除了塑膠材質，還有金屬製的旋轉螺絲款式（→P.125），以及手工藝用的裝飾鉚釘等。使用旋轉螺絲可隨時拆開，想更換內頁時非常方便。手工藝用的鉚釘以皮革專用為主，可買到各種不同的造型，在裝飾時可自由運用。

12

利用橡皮筋固定

可輕鬆取得的橡皮筋或鬆緊帶等，也能用來固定書頁。柔軟的鬆緊帶可隨物品外型伸縮，而較寬的種類會更容易捆綁固定，可依實際需求來靈活運用或加以變化。

工具與材料

寬版橡皮筋、內頁紙張、封面

1　只要準備普通的橡皮筋，就能將零散的印刷品、書冊整理在一起。即使印刷品的尺寸不同也可以，甚至連立體的平面印刷物都能捆綁固定，運用範圍極廣。

2　封面必須考慮到堅硬度，所以盡量選擇厚一點的紙張，本頁的示範是採用特厚纖維板。若使用木板或塑膠等堅硬材質當封面，會讓作品產生特別的魅力。套橡皮筋的方法非常多，範例當中是以斜套對角的方式，作法簡單又具有裝飾效果。市面上可找到各式各樣的橡皮筋，可依用途來挑選最合適的款式。

工具介紹

工具介紹

在本書當中出現各式各樣的工具、器材及材料。
不論是住家附近的大賣場、材料行或手工藝專賣店等，
都能輕鬆買到大部分的商品。
其中也有一些特殊的專業工具，
統一在本單元為大家作介紹。

個人印刷機

LETTERPRESS COMBO KIT
出現頁數：P.046

Life Style Crafts
http://lifestylecrafts.com/

植絨貼紙

熨斗熱燙用植絨貼紙【EF】
出現頁數：P.054

Europort株式會社　サイン事業部
日本國東京都台東區台東2-3-9　KH大樓5F
TEL.03-5688-6665
http://www.europort.jp/

謄寫版印刷工具組

謄寫版工具組
出現頁數：P.058

Anpex株式會社
日本國東京都府中市宮町1-23-3　關口大樓4F
TEL.042-335-6078
http://www.anpex.co.jp/

印章工具組

EZ印章匠
出現頁數：P.060

太陽精機株式會社　ホリゾン事業部
日本國東京都武藏野市御殿山1-6-4
TEL.0422-48-5119
http://www.taiyoseiki.com/

各種印泥

Versa Mark、Opalite、StāzOn' opaque
出現頁數：P.061

Tsukineko株式會社
日本國東京都荒川區荒川5-11-10
TEL.03-3891-4776
http://www.tsukineko.co.jp/

印刷筆

speed-i-Jet 798
出現頁數：P.063

株式會社菊池製作所
日本國埼玉縣戶田市新曾767
TEL.048-442-1225
http://www.kikuchi-mfg.co.jp/

個人型絲網印刷機

Ｔ恤君・Ｔ恤君Jr
出現頁數：P.064

太陽精機株式會社　ホリゾン事業部
日本國東京都武藏野市御殿山1-6-4
TEL.0422-48-5119
http://www.taiyoseiki.com/

打孔機

打孔機
出現頁數：P.074

株式會社Newkon工業
日本國東京都江戶川區中央1-8-15
TEL.03-3655-6151
http://www.newkon.co.jp/

藝術剪刀

CRAFT SCISSORS SELECT 5
出現頁數：P.076

CARL事務器株式會社　C&N事業部
日本國東京都葛飾區立石3-7-9
TEL.03-3694-7111
http://www.carl.co.jp/carlacraft/

滾輪式美工刀

Craft Cutter・Craft Blade
出現頁數：P.078

CARL事務器株式會社　C&N事業部
日本國東京都葛飾區立石3-7-9
TEL.03-3694-7111
http://www.carl.co.jp/carlacraft/

手動圓角機

圓角機 MAC DIAMOND-1
出現頁數：P.079

經銷商：大島工業株式會社
日本國愛知縣刈谷市新富町3-32
TEL.0566-21-3260
http://www.bi-k.com/shop/

真空密封機

Food Sealer真空密封器 Z-FS210
出現頁數：P.082

三洋電機株式會社
日本國大阪府守口市京阪本通2-5-5
TEL.050-3116-3439
http://www.overseas.sanyo.com/foodsealer/

※無法保證完全真空密封。
　請務必使用廠商的專用密封袋。

塑膠封口機

CLIP SEALER Z-1
出現頁數：P.084

Technoimpulse株式會社
日本國千葉縣白井市南山3-10-15
TEL.047-491-1303
http://www.technoimpulse.com/

燙印箔紙

Stamping Leaf
出現頁數：P.090

吉田金線店
日本國京都市下京區東中筋松原通下ル　天使突拔１丁目363
TEL.075-468-3286
http://www.yoshida-leaf.com/

收縮膜

收縮膜／熱風槍／收縮膜封口機
出現頁數：P.092

若松化成株式會社
日本國東京都杉並區和田1-55-10
TEL.03-3381-6829
http://www.wakamat.co.jp

手動式壓紋機

手動式壓紋機
出現頁數：P.096

株式會社Newkon工業
日本國東京都江戶川區中央1-8-15
TEL.03-3655-6151
http://www.newkon.co.jp/

大型製書專用釘書機

中間裝訂製書用釘書機　HD-12LR/17
出現頁數：P.100

MAX株式會社
日本國東京都中央區日本橋箱崎町6-6
TEL.0120-510-200
http://www.max-ltd.co.jp/

雙線圈裝訂機組

TOZICLE雙線圈打孔裝訂機組
出現頁數：P.112

CARL事務器株式會社
日本國東京都葛飾區立石3-7-9
TEL.03-3695-5379
http://www.carl.co.jp/

金屬活頁夾

螺絲・金屬活頁夾
出現頁數：P.114

經銷商：パーツラボ
日本國大阪府大阪市天王寺區上本町8-2-4　柴崎大樓3F
TEL.06-6779-7329
http://www.partslabo.com/

鉚釘

製書用鉚釘
出現頁數：P.118

株式會社COC合理化中心
日本國東京都涉谷區本町2-39-7　ドムス金城1F
TEL.03-3374-5205
http://www.coc-jp.com/

樹脂版

樹脂凸版・金屬凸版
出現頁數：P.047、062

株式會社真映社
日本國東京都千代田區神田錦町1-13-1
TEL.03-3291-3025
http://shin-ei-sha.jp/

※ 以Illustrator繪製的圖案設計都可製
　成樹脂版或金屬凸版，還能取代完稿
　的紙張或印刷品。

本書的封面文字是以模版印製而成

書中介紹各種印刷品的DIY製作方法，因此希望封面也能展現出手作的風格，以模版在紙上噴漆印出文字，掃瞄後製版印成封面。

關於模版，由於文字精細無法以美工刀徒手裁切，因此委託東京紙器株式會社幫忙作雷射切割。用來製作模版的材質，有較厚的白紙板及透明文件夾之類的塑膠板等兩種不同的款式。

雷射切割的塑膠模版

雷射切割的白紙模版（厚紙板）

手作♡良品 04

純手感──印刷‧加工DIY BOOK
省錢又有趣，讓DM、書冊、卡片&包裝更具吸引力的變身術

作　　者／大原健一郎‧野口尚子‧橋詰宗
發 行 人／詹慶和
總 編 輯／蔡麗玲
執行編輯／程蘭婷‧蔡毓玲
編　　輯／劉蕙寧‧黃璟安‧陳姿伶‧李宛真‧陳昕儀
執行美編／陳麗娜‧周盈汝
美術編輯／韓欣恬
出 版 者／良品文化館
發 行 者／雅書堂文化事業有限公司
郵撥帳號／18225950 戶名：雅書堂文化事業有限公司
地　　址／新北市板橋區板新路206號3樓
電　　話／(02) 8952-4078
傳　　真／(02) 8952-4084
電子郵件／elegant.books@msa.hinet.net

DIY book for printing and processing
印刷‧加工DIYブック
©2010 Kenichiro Oohara / Naoko Noguchi / So Hajizume
©2010 Graphic-sha Publishing Co., Ltd.
This book was first designed and published in Japan in 2010 by
Graphic-sha Publishing Co., Ltd.
This Complex Chinese edition was published in Taiwan in 2011 by
elegantbooks.

2018年11月二版一刷　2011年9月初版一刷　定價380元

經銷／易可數位行銷股份有限公司
地址／新北市新店區寶橋路235巷6弄3號5樓
電話／（02）8911-0825
傳真／（02）8911-0801

版權所有‧翻印必究
（未經同意，不得將本著作物之任何內容以任何形式使用刊載）
本書如有破損缺頁請寄回本公司更換

國家圖書館出版品預行編目(CIP)資料

純手感：印刷.加工DIY BOOK：省錢又有趣,讓DM、書
冊、卡片&包裝更具吸引力的變身術 / 大原健一郎, 野口
尚子, 橋詰宗著. -- 二版. –
新北市：良品文化館出版：雅書堂文化發行, 2018.11
　　面；　公分. -- (手作良品；4)
譯自：印刷.加工DIYブック
ISBN 978-986-96977-1-2(平裝)

1.印刷 2.圖書加工 3.商業美術

477.8　　　　　　　　　　　　　　　107017851

日版Staff

發行者／久世利郎
書籍設計＋組版／大原健一郎（NIGN）
攝影／弘田充（弘田寫真事務所）
　　　大沼洋平（弘田寫真事務所）
企劃‧編輯／津田淳子（グラフィック社）